校企双元合作开发"互联网+教育"
新形态一体化系列教材

# 饮品制作

主　编　李晓霞　徐莉莉　齐艳玲　冯建平
副主编　刘铭轩　陈飞雪　冯丹绘　逯国峰
参　编　巴特尔　陈红丽　陈　敏　陈　勋　邓兰萍
　　　　冯　珺　高　颖　高玉珍　高云胜　侯长成
　　　　胡茜茜　李　珺　李　群　李　昕　李　雪
　　　　李治刚　廖　雍　刘　静　刘　梦　刘晓庆
　　　　刘　洋　逯博文　马淳沂　孟　阳　明　娜
　　　　秦艳梅　冉　琼　任慧莹　邵金歌　石　慧
　　　　石　伟　苏晓红　舒　毅　宋子跃　孙洁慧
　　　　唐陈虓　田文春　佟　棱　王佳峰　王　曦
　　　　王稷泰　魏兴华　吴妃花　肖思宇　徐文霞
　　　　杨　清　张雪红　张　艳　张义香　郑　芳
　　　　朱艳艳

復旦大學 出版社

  本书具有"课岗赛证"融通的特点,每一项目都是是典型工作任务,由浅入深、层层递进。书中还制作了二维码素材库方便学习,读者可以扫描书二维码免费观看。

**学银在线**
**扫描二维码开始学习课程**

# 前　言

在文化与旅游融合的大背景下,坚持本土化和国际化并举,本课程把茶、咖啡、调酒、果蔬汁等结合在一起,饮品种类更加丰富多元;读者能够快速掌握调饮茶的调配方法,提高对调饮茶的认知;提升大众关注度,加强跨界交流对话;整合跨界资源,开拓新产品市场;探索农产品深加工的多样性及可能性,促进产业链对接合作。课程中的许多精彩的自创调饮作品,在制作技巧上有所突破。读者能清晰列举各类饮品及其分类并理解生产工艺,熟知饮品质量影响因素和品牌,掌握各国饮品文化习俗,明辨饮品饮用与健康关系等知识目标;通过实践与辅导环节,能运用品鉴方法描述与分辨饮品品质,提升饮品制作与服务技能。

本书兼顾行业需求和职业成长需要,帮助读者树立高尚的饮品行业职业道德和服务意识,树立健康的饮用观念,培养饮品文化内涵和规范自我行为,促进读者社交成长。

本书融入了中华全国供销总社《全国调试师职业技能竞赛技术规范》,具有"双元"育人、"课岗赛证"融通的特点。通过本书的学习,可以考取茶艺师、调饮师、咖啡师、调酒师等相关的证书,参加全国和行业的各级比赛,提高综合能力。书中的实操任务都配有微课资源,可以扫描二维码免费观看。

本教材由编写团队分工合作完成,具体分工如下:模块一由陈飞雪撰写,冯丹绘、逯国峰、朱艳艳、郑芳负责教材样稿的审校;模块二由李晓霞撰写,张雪红、刘晓庆、邵金歌、苏晓红、宋子跃、杨清、胡茜茜、李治刚、王佳峰负责项目一教材样稿的审校,舒毅、邓兰萍、唐陈娓、徐文霞、陈勋、魏兴华负责项目二的教材样稿的审校,冉琼、吴妃花、廖雍、孟阳、李群、巴特尔、张艳、陈红丽、陈敏负责项目三的教材样稿的审校,刘梦、马淳沂、李珺、冯珺、任慧莹、孙洁慧、肖思宇、刘洋、张义香、李昕、田文春、王曦、明娜负责项目四教材样稿的审校工作;模块三由徐莉莉撰写,侯长成、秦艳梅、佟棱、高玉珍负责教材样稿的审校工作;模块四由刘铭轩撰写,高云胜、刘静、石伟、高颖负责教材样稿的审校;模块五由齐艳玲、石慧撰写,冯建平、李雪、逯博文、王稷泰负责教材样稿的审校。

由于编写能力有限,本教材难以尽善尽美,希望广大教师和学生提出宝贵意见。本书适合作为旅游、餐饮专业教材,也可以供想要了解酒吧酒水运营、侍酒师职业教育的专业人士等参考,也可以作为其他专业的公共选修课教材。

编者

2025 年 1 月

# 目　　录

### 模块一　我国调饮市场发展与现状

**项目一**　现调饮品的发展与现状 ... 1
　　任务1　我国现调饮品市场的发展 ... 3
　　任务2　现调饮品的社会作用 ... 10
　　任务3　了解调饮大赛 ... 12

### 模块二　茶与调饮茶

**项目二**　六大茶类基础知识 ... 17
　　任务1　绿茶 ... 19
　　任务2　白茶 ... 22
　　任务3　黄茶 ... 26
　　任务4　青茶 ... 29
　　任务5　红茶 ... 37
　　任务6　黑茶 ... 42

**项目三**　泡茶方法 ... 47
　　任务1　玻璃杯冲泡 ... 48
　　任务2　盖碗冲泡 ... 56
　　任务3　小壶双杯冲泡 ... 64
　　任务4　小壶单杯冲泡 ... 75

**项目四**　国内外调饮茶 ... 81
　　任务1　蒙古奶茶 ... 83

  任务2 白族三道茶 87
  任务3 满族盖碗茉莉花茶 90
  任务4 回族八宝茶 93
  任务5 土家族擂茶 95
  任务6 朝鲜族蜂蜜柚子茶 97
  任务7 英式下午茶 100
  任务8 印度拉茶 103
  附录 任务评价 106

**项目五** **新式茶饮和创新调饮茶** 109
  任务1 调饮茶基础 111
  任务2 绿茶调饮（绿色基调） 115
  任务3 红茶调饮（红色基调） 122
  任务4 白茶调饮（淡蓝色和白色基调） 125
  任务5 乌龙茶调饮 130
  任务6 黄茶调饮（黄色调） 136
  任务7 黑茶调饮 140
  任务8 茉莉花茶 143
  任务9 中药养生茶 145
  附录 任务评价 156

## 模块三 咖啡与调饮

**项目六** **咖啡基础知识** 159
  任务1 认识咖啡 160
  任务2 影响咖啡质量的因素 165
  任务3 咖啡制作常用工具 167
  任务4 常见成品咖啡 173

**项目七** **咖啡制作** 177
  任务1 意式/花式咖啡制作 178
  任务2 单品咖啡制作 188

**项目八** **咖啡调饮** 195
  任务1 红茶鸳鸯拿铁 197
  任务2 焦糖坚果拿铁 199

任务3　榛果拿铁 ... 201
　　任务4　香橙气泡冰美式 ... 203
　　任务5　绿葡萄美式 ... 205

## 模块四　酒与调饮

**项目九**　酒与鸡尾酒认知 ... 207
　　任务1　酒水基础知识 ... 209
　　任务2　五彩缤纷鸡尾酒 ... 211

**项目十**　识别酒用具——酒吧载杯与调酒用具 ... 215
　　任务1　美杯盛美酒 ... 217
　　任务2　调酒设备与器具 ... 222

**项目十一**　基本调酒技巧 ... 229
　　任务1　摇和法 ... 231
　　任务2　调和法 ... 233
　　任务3　兑和法 ... 235
　　任务4　搅和法 ... 237
　　任务5　花式调酒技术 ... 239

**项目十二**　蒸馏酒的鸡尾酒调制 ... 241
　　任务1　白兰地 ... 243
　　任务2　威士忌 ... 246
　　任务3　伏特加 ... 248
　　任务4　金酒 ... 250
　　任务5　朗姆酒 ... 253
　　任务6　特基拉 ... 255
　　任务7　中国白酒 ... 257

## 模块五　果蔬与调饮

**项目十三**　果蔬基础知识 ... 259
　　任务1　果蔬的营养价值 ... 260
　　任务2　果蔬搭配原则及制作要点 ... 263

## 项目十四　果蔬饮料制作　267

- 任务1　西芹胡萝卜苹果汁　268
- 任务2　菠萝香蕉奶昔　270
- 任务3　火龙果菠萝奶昔　271
- 任务4　甜橙菠萝奶昔　272
- 任务5　金橘杧果奶昔　273
- 任务6　猕猴桃菠萝奶昔　274
- 任务7　草莓香蕉奶昔　275
- 任务8　柳橙木瓜奶昔　276
- 任务9　紫薯奶昔　277
- 任务10　木瓜奶昔　278
- 任务11　柠檬苹果汁　279
- 任务12　甜菜菠萝橙汁　280

## 项目十五　果蔬冰沙制作　281

- 任务1　猕猴桃杧果冰沙　283
- 任务2　火龙果菠萝冰沙　285
- 任务3　茉莉柠檬冰沙　286
- 任务4　菠萝杧橘冰沙　287
- 任务5　橙香冰沙　288
- 任务6　菠萝香蕉冰沙　289
- 任务7　珍珠奶茶冰沙　290
- 任务8　菠萝果茶冰沙　291
- 任务9　薄荷柠檬冰沙　292
- 任务10　焦糖豆浆冰沙　293

## 项目十六　创意果蔬调饮制作　295

- 任务1　拒绝焦虑　297
- 任务2　田园壹号　299
- 任务3　晴天泡泡　301
- 任务4　牛油引力　303
- 任务5　莓好发生　305
- 任务6　热带孛风　307
- 任务7　薯你最甜　309

## 参考文献　311

# 模块一　我国调饮市场发展与现状

## 项目一　现调饮品的发展与现状

1. 文化理解：了解饮品的发展历程和现状，增强对饮品文化的理解和尊重，认识饮品在不同文化背景下的多样性和独特性。
2. 创新思维：培养在饮品制作中的创新思维，鼓励探索新的饮品配方和制作技术，以适应市场变化和消费者需求。
3. 团队协作：在了解调饮大赛的过程中，学习团队协作的重要性，提升合作完成饮品创作的能力。
4. 可持续发展：关注饮品行业的可持续发展趋势，倡导环保、健康的饮品消费理念。

1. 掌握我国现调饮品市场的发展历史、现状及未来趋势。
2. 理解现调饮品的社会作用。
3. 了解调饮大赛的基本情况和参赛流程。

本模块旨在通过3个任务，全面了解饮品的发展与现状，同时也了解调饮大赛，学习饮品制作的创意及技巧。

在学习和实践中注重市场调研、数据分析、消费者洞察、创意激发等方面的能力培养,同时积极参与行业内的交流活动,不断学习和借鉴他人的成功经验,以提升自己的专业素养和竞争力。

首先,探讨我国现调饮品市场的发展历史、现状及未来趋势;其次,分析现调饮品在社会生活中的作用;通过了解调饮大赛,学习饮品制作的创意和技巧。

# 任务1 我国现调饮品市场的发展

现调饮品,顾名思义,是指根据消费者需求,以营养的、健康的、可立即饮用的成分,现场调配的饮品,通常由水、气泡水、果汁、茶、咖啡等原料制作而成,往往含有蔗糖、果糖、糖浆或食用香精等添加剂。区别于预包装饮品,以新鲜、个性化和即时性为特点。现调饮品涵盖茶饮、咖啡、果汁、奶昔、气泡水等多种类型,每一种都有其独特的制作工艺和风味特点。

随着人们生活水平的提高和消费观念的转变,现调饮品逐渐从街头巷尾的小吃摊走进高端商场和休闲场所,成为现代生活的一部分;不仅满足了消费者的解渴需求,更成为了时尚、健康和生活品质的象征。

## 一、我国现调饮品市场的历史发展

我国现调饮品市场的历史发展是一段充满变革与创新的旅程,它见证了从传统到现代、从单一到多元的转变,其起源可以追溯到古代茶馆和茶馆文化。那时,人们聚在一起品茶、聊天,享受茶带来的宁静与愉悦。然而,真正的现调饮品市场兴起,则是在改革开放后,随着市场经济的发展和消费者需求的多样化而逐渐形成的。

### 1. 古代茶馆文化的兴起

在古代,茶馆是人们社交、休闲的重要场所,也是茶文化的重要载体。茶馆中的茶饮制作技艺精湛,茶艺表演优雅,使得茶饮成为了一种高雅的艺术享受。虽然当时的茶饮制作尚未形成规模化、产业化的市场,但茶馆文化的兴起为后来的现调饮品市场奠定了坚实的基础。

### 2. 改革开放后的初步发展

改革开放后,随着市场经济的逐步建立和消费者需求的多样化,我国现调饮品市场开始初步发展。这一时期,街头巷尾的小吃摊和低端茶馆成为了现调饮品市场的主要阵地。这些场所提供的饮品种类有限,主要以茶和简单的果汁为主,但已经初步满足了消费者的解渴需求。同时,一些国际快餐品牌如肯德基、麦当劳等的进入,也带来了咖啡等西式饮品的流行,为后来的现调饮品市场注入了新的活力。

### 3. 20世纪90年代末至2000年代初的快速发展

20世纪90年代末至2000年代初,我国现调饮品市场迎来了快速发展期。随着人们生活水平的提高和消费观念的转变,消费者对饮品的品质和口感要求逐渐提高。一些本土茶饮品牌如茶颜悦色等开始崭露头角,通过独特的制作工艺和口感赢得了消费者的喜爱。此外,咖啡等西式饮品也在市场上逐渐普及,饮咖啡成为了一种时尚的生活方式。这一时期的快速发展为后来的现调饮品市场奠定了坚实的基础。

4. 2010年代至今的爆发式增长

2010年代,我国现调饮品市场迎来了爆发式增长。随着移动互联网的普及和消费者需求的进一步多样化,现调饮品市场开始进入多元化发展阶段。茶饮、咖啡、果汁、奶昔等多种类型的饮品品牌层出不穷,市场竞争日益激烈。同时,一些创新性的饮品品牌如喜茶、奈雪的茶等开始崭露头角,通过独特的制作工艺、高品质的原材料和创新的营销策略赢得了消费者的青睐。这些品牌的成功不仅推动了整个市场的快速发展,也引领了行业的潮流和趋势。

在这一时期,现调饮品市场的增长还受益于以下几个方面的因素:一是消费者对健康、品质和个性化的需求不断增加,推动了饮品品牌的不断创新和升级;二是移动互联网的普及使得消费者可以更加方便地获取饮品信息、下单购买和分享体验,进一步推动了市场的发展;三是城市化进程的加速和消费升级的趋势,使得现调饮品市场在城市中心区域和高端消费群体中具有更大的市场潜力。

在我国现调饮品市场的发展过程中,有几个重要的转折点和标志性事件值得关注:

(1)技术革新　自动化、智能化设备的引入提高了饮品制作的效率和质量。例如,一些高端饮品店开始使用自动咖啡机、果汁机等设备制作饮品,使得饮品的口感和品质更加稳定可靠。

(2)消费者行为变化　年轻人成为现调饮品的主要消费群体,他们更加注重饮品的口感、健康和个性化。这一变化推动了饮品品牌在产品创新、服务提升和营销策略等方面的不断升级。

(3)品牌竞争加剧　随着市场的快速发展和竞争的加剧,一些饮品品牌开始通过并购、合作等方式来扩大市场份额和提高品牌影响力。同时,一些新兴品牌也通过独特的定位和营销策略在市场上崭露头角。

(4)政策推动　政府对食品安全的重视、监管力度的加强、《中华人民共和国食品安全法及其实施条例》等食品安全政策也推动了现调饮品市场的健康发展。一些地方政府还出台了相关政策来支持饮品产业的发展和创新。

未来,随着消费者需求的进一步多样化和市场竞争的加剧,现调饮品市场将保持快速发展的态势,涌现出更多新的机遇和挑战。

## 二、市场现状与规模

我国现调饮品市场目前呈现出蓬勃发展的态势,市场规模持续扩大,市场结构多元化,竞争格局分散,消费者需求多样化,市场创新不断。

1. 市场规模持续扩大

近年来,得益于人均可支配收入增加,消费者习惯转变以及市场创新和供应链改善所带来的产品质量持续升级,中国现调饮品市场正蓬勃发展。

数据显示,2022年,中国现调饮品市场规模达到4 213亿元,复合年增长率为22.38%。2023年和2024年市场规模将分别达到5 172亿元和6 289亿元。以终端零售额计,中国现调饮品市场的规模预计在2028年将增长到11 805亿元人民币,复合年增长率达到18.7%,

远超预包装饮料行业同期5.0%的复合年增长率。预计到2028年,我国现调饮品行业将超越预包装饮料行业,并占据中国饮料市场一半以上份额。

#### 2. 市场结构多元化

从市场结构来看,现调茶饮和现磨咖啡是中国现调饮品市场的主要细分品类。其中,现调茶饮是中国现调饮品市场中最大的细分品类,2022年市场规模为2 137亿元,市场占比为51%。现磨咖啡是中国现调饮品市场中增速最快的细分品类,2022年市场规模为1 348亿元,市场占比为32%。现制茶饮店和现磨咖啡店是消费者最主要的消费渠道,其他渠道包括餐厅、烘焙店和便利店等。

#### 3. 竞争格局分散

当前中国现调茶饮行业市场竞争格局分散,2023年前五大现制茶饮店品牌的市场份额达到约44.2%。从市场份额排名来看,蜜雪冰城是中国最大的现制茶饮品牌,市场份额占20.0%,古茗、茶百道、沪上阿姨、书亦烧仙草市场份额分别占8.3%、7.6%、4.2%、4.1%。未来随着现调茶饮品牌头部效应强化,行业竞争也会在供应链、门店标准化水平、加盟商运营管理体系、产品力及消费者服务上比拼,市场最终会进入一个相对稳定、成熟的阶段。

#### 4. 消费者需求多样化

随着生活节奏的加快和消费者健康意识的提升,消费者对现调饮品的需求也日益多样化。他们不仅关注饮品的口感和品质,还注重饮品的健康属性和功能性。因此,市场上出现了越来越多的健康饮品和功能性饮品,如养生水、无糖茶等。这些饮品在满足消费者口感需求的同时,也满足了他们对健康和功能的追求。

#### 5. 市场创新不断

为了迎合消费者的多样化需求,现调饮品市场不断创新。一方面,饮品店不断推出新的饮品口味和搭配方式,以满足消费者的尝鲜需求;另一方面,饮品店也在不断探索新的营销方式和渠道,如线上点餐、外卖配送等,以提高服务效率和消费者体验。此外,一些饮品店还通过跨界合作和联名产品等方式,吸引更多消费者的关注和喜爱。

### 三、主要现调饮品类型与特点

现调饮品类型繁多,常见的包括茶饮、咖啡、果汁、奶昔等。每一种类型都有其独特的制作工艺和风味特点。

分析各类现调饮品的特点、制作工艺与消费趋势如下:

(1) 茶饮　以茶叶为基础,加入牛奶、糖浆等原料调配。口感多样,有原味、冰镇、加料等多种选择。茶饮历史悠久,口感纯正,方便携带。现代茶饮在保留传统茶文化的基础上,融入了更多创新元素,如水果茶、奶盖茶等,满足了消费者多样化的口味需求。茶饮市场竞争激烈,品牌众多,既有传统茶饮品牌如茶颜悦色、喜茶等,也有新兴茶饮品牌如蜜雪冰城、茶百道等。各品牌通过不断创新产品、提升品质、加强营销等方式来争夺市场份额。

(2) 咖啡　以咖啡豆为原料,经过研磨、冲泡等工艺制作。咖啡口感浓郁,是提神醒脑的好选择。咖啡饮品中的咖啡因具有提神醒脑、抗疲劳等功效。现代咖啡饮品在保留传统咖啡风味的基础上,也融入了更多创新元素,如冷萃咖啡、拿铁等,满足了消费者对咖啡口感和品质的追求。咖啡饮品市场竞争也较为激烈,既有国际咖啡品牌如星巴克、瑞幸等,也有本土咖啡品牌如 Seesaw Coffee 等。各品牌通过不断创新产品、提升服务品质、加强品牌建设等方式来争夺市场份额。

（3）鲜榨果蔬汁　由新鲜的蔬菜和水果榨取出来的饮品，有时会加入一些其他的调味料，如糖、柠檬汁、蜂蜜、盐、辣椒等。鲜榨果蔬汁保留了水果的原始风味和营养成分，如维生素、矿物质等，是一种健康、美味的饮品。

（4）奶昔　以牛奶或植物奶为基础，加入水果、坚果等原料搅拌而成。奶昔口感绵密、浓郁、顺滑，同时富含蛋白质、钙等营养成分，营养丰富。

不同类型的现调饮品在市场上的接受度各不相同。作为传统饮品，茶饮和咖啡拥有广泛的消费者基础。果汁和奶昔则因其新鲜、健康的特点而备受青睐。在竞争方面，各品牌之间主要通过产品创新、服务提升和价格策略等手段来争夺市场份额。

## 四、产业链分析

（1）产业链上游　主要包括原材料供应商，如茶叶、水果、牛奶、糖浆、包装物等供应商。这些原材料的质量和价格直接影响到饮品生产企业的成本和产品质量。随着消费者对健康饮品的追求，对原材料的品质要求也越来越高，这促使供应商不断提升产品质量和安全性。上游原材料供应商正朝着规模化、标准化、绿色化的方向发展。

（2）产业链中游　即饮品制造企业，也称为饮品生产商。这些企业从上游供应商处采购原材料，通过一系列生产工艺，如混合、调配、杀菌、灌装等，将原材料转化为各种现调饮品产品。饮品制造过程中需要相应的生产设备、技术和人才支持；同时，为确保产品质量和安全，饮品企业还需建立完善的质量管理体系。

（3）产业链下游　包括销售渠道和最终消费者。饮品企业通过线上电商平台、线下超市、便利店、餐饮店等多种渠道将产品销售给消费者。这些销售渠道的建设和维护对于饮品企业来说至关重要，因为它们直接影响到产品的市场覆盖率和销售业绩。实体店仍然是现调饮品的主要销售渠道，但电商平台和外卖平台的兴起也为消费者提供了更多选择。然而，线上销售平台的竞争和物流配送的复杂性也带来了新的挑战。

产业链整合与协同发展有助于提升整个产业的竞争力和盈利能力。例如，原料供应商可以与饮品制作商建立长期合作关系，确保原材料的稳定供应和品质控制；饮品制作商可以与销售渠道商加强合作，共同开拓市场和提升品牌影响力。

## 五、市场竞争格局

目前，现调饮品市场的竞争格局呈现出多元化和激烈化的特点。未来，随着消费者需求的不断变化和市场竞争的加剧，品牌需要不断创新和优化产品和服务以应对市场竞争。主要竞争对手的动向包括加强产品创新、提升服务质量、拓展销售渠道等。

市场上主要现调饮品品牌包括喜茶、奈雪的茶、星巴克等。这些品牌通过产品创新、服务提升和价格策略等手段来争夺市场份额。例如，喜茶以高品质、高颜值的饮品和独特的装修风格吸引了大量年轻消费者；星巴克则通过提供优质的咖啡和服务以及打造舒适的休闲空间来赢得消费者的青睐。

元气森林、东方树叶等品牌凭借独特的健康理念和创新的营销策略迅速崛起，占据了一

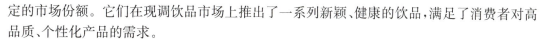

定的市场份额。它们在现调饮品市场上推出了一系列新颖、健康的饮品,满足了消费者对高品质、个性化产品的需求。

现调饮品市场竞争激烈,各品牌不断推出新产品、新服务来吸引消费者。同时,新进入者也在不断涌入市场,加剧了市场竞争。新进入者面临的市场机会在于消费者对新鲜、个性化饮品的需求不断增长以及市场细分化的趋势。然而,新进入者也面临着诸多挑战,如品牌知名度不足、成本控制困难、供应链不稳定等。

## 六、消费者行为分析

现调饮品行业消费者行为呈现出多元化、健康化、线上化等趋势。品牌需要不断创新、提升品质、拓展市场以满足消费者的多样化需求。

### 1. 口味偏好

(1)多元化与精细化　消费者对现调饮品的口味要求日益多元化和精细化。例如,在茶基底的选择上,传统茶和再加工茶以其独特的香气和口感深受消费者喜爱;在咖啡液的处理上,商家通过精选咖啡豆、优化烘焙工艺等方式提升咖啡的风味层次。拿铁与水果茶共同构成了主流趋势,分别有60.7%和54.7%的Z世代消费者(15~29岁)表示会购买。此外,经典奶茶、轻乳茶等传统饮品也具有一定的市场份额。

(2)健康化趋势　随着健康意识的提高,消费者对现调饮品的健康属性关注度日益增强。无糖、低糖、低脂肪以及富含天然成分等健康元素的重要性将更加凸显,成为吸引并满足现调饮品消费者健康需求的关键因素。某些品牌的无糖茶饮和植物饮料已经成为年轻消费者的新宠。

### 2. 购买习惯

(1)价格敏感度　消费者对现调饮品的价格表现出一定的敏感度。例如,10~20元的饮品更受Z世代欢迎,占比近七成。同时,男女消费者在价格变动感知上存在差异,这种差异可能与消费观念和消费习惯有关。

(2)购买渠道　线上购买渠道逐渐成为主流,尤其是通过移动端购买饮料的比例逐年上升。消费者更倾向于通过品牌小程序下单并自提或外卖配送。这种方式便捷高效,还能享受会员优惠、免配送费等福利。社交媒体平台、亲友推荐和本地生活平台也是消费者获取现调饮品信息的重要渠道。

### 3. 消费场景

(1)日常休闲　现调饮品在日常休闲场景中占据重要地位。消费者在购买现调饮品时,主要出于悦己需求、功能性需求以及社交需求。其中,悦己需求(如解馋、获得味蕾上的愉悦)占比最高。

(2)工作学习　在工作学习场景中,消费者可能会选择具有提神醒脑功能的现调饮品,如咖啡、茶等。

(3)社交互动　消费者对现调饮品的偏好因年龄、性别、地域等因素而异。年轻人更加注重饮品的口感和个性化;女性消费者更加注重饮品的健康和颜值;一线城市和发达地区的消费者更加注重品质和体验。现调饮品的主要消费群体为年轻人,特别是18~35岁的年轻女性。他们注重饮品的口感、健康和个性化,愿意为高品质、高颜值的饮品买单。一线城市和发达地区的消费水平较高,是现调饮品市场的主要阵地。

(4) 其他特定场景　如运动场景、早 C 午 T(早上喝咖啡,中午喝茶)、医院、图书馆等特定环境均出现了现调饮品的身影。这些场景下的消费者需求各异,为现调饮品行业提供了更多的市场机会。

**4. 消费者特征**

(1) 年龄与性别　Z 世代是现调饮品的主要消费群体。他们覆盖了从学生到职业青年的不同社会角色,具有较强的消费能力和对新兴饮品的接受度。同时,不同性别的消费者在消费偏好和价格敏感度上存在差异。

(2) 社交属性　Z 世代消费者具有较强的社交属性,他们乐于在社交媒体上分享消费体验和产品照片。这种自发分享行为不仅提升了产品的曝光度和口碑传播效果,还为商家提供了宝贵的用户反馈和市场洞察。

## 七、现调饮品的发展趋势

我国现调饮品市场在未来将呈现出市场规模持续扩大、供应链和产品制作体系标准化以及健康原料广泛应用等发展趋势。这些趋势将推动现调饮品行业的不断发展和创新,为消费者提供更多高品质、个性化的饮品选择。

(1) **市场规模持续扩大**　受产品特性和消费升级驱动,中国现调饮品市场正处于高速扩容阶段。未来,随着中国经济的稳步发展和居民人均可支配收入的持续增长,消费能力和消费品质将进一步提升,消费者对高品质、个性化现调饮品的需求不断增加。现调饮品消费者的数量和消费能力将进一步增长,为行业企业发展提供广阔的市场空间。

(2) **供应链和产品制作体系标准化**　为了提高产品质量和稳定性,满足消费者更高层次的消费需求,新饮品品牌正在不断建立标准化程度更高的供应链和产品制作体系。这包括从上游原材料的采购到下游终端客户的销售过程的标准化管理,以确保产品质量的稳定性和安全性,提升饮品口感并充分保留原料的营养成分。同时,标准化供应链体系的建设也有助于提升企业的运营效率和市场竞争力。

(3) **健康原料的广泛应用**　随着原材料新鲜程度的提升及消费者对果茶的喜爱,新茶饮水果市场规模将快速增长,水果成本占整体原材料成本比例为 $20\%\sim25\%$。新一代消费者更加追求健康、低糖的饮食方式,因此饮品行业将更多地使用鲜果、冻果、NFC 果汁等健康原料作为产品配料。这些原料不仅符合消费者对健康饮食的需求,还能提升饮品的口感和营养价值。随着消费者对健康重视程度的不断加深,新饮品中将更加注重原料的健康属性,以满足消费者的健康需求。

(4) **环保与可持续性**　随着环保意识的增强,现调饮品行业将更加注重环保和可持续性。品牌将采用可回收、可降解或生物塑料等环保包装材料,减少对环境的影响。

(5) **跨界合作**　火锅与饮品都是高热度的大赛道,二者的强强联合在社交媒体上拥有非常高的热度。截至 2024 年 9 月,抖音平台"火锅饮品"相关话题视频播放量超 203.5 万次,哔哩哔哩平台"火锅饮品"关键词搜索下的单个相关视频最高播放量为 88 万次。"火锅+现制饮品"的组合方式在市场上备受欢迎。火锅品牌通过推出具有降火解腻、促进消化等功能的现制饮品,满足了消费者在火锅消费场景下的需求。同时,这种组合方式也符合当前健康、个性化的消费趋势。海底捞、凑凑火锅等品牌推出的现制饮品受到了消费者的广泛好评。川渝火锅品牌(例如海底捞、楠火锅、蜀大侠、大龙燚火锅等),粤式火锅品牌(例如捞王锅物料理、润园四季椰子鸡等),云贵火锅品牌(例如贵厨酸汤牛肉、滇牛云南酸菜牛肉火锅等),北派火锅品牌(例如南门涮肉、聚宝源等),还有太琼糟粕醋·海南酸汤火锅等特色火锅品牌均推出了相关的饮品。

# 任务2　现调饮品的社会作用

　　现调饮品是在销售现场根据消费者的需求即时制作并直接供应给消费者饮用的饮料,具有新鲜度高、可定制性和即买即饮的便利性等特点。其在社会中扮演着多重角色,发挥着广泛的作用,包括满足消费需求、促进文化交流、引领健康风尚以及创造就业机会等。

### 1. 满足消费需求,推动经济发展

　　(1) 满足多样化需求　现调饮品以其丰富的口味、多样的配料和个性化的定制服务,满足了消费者日益增长的多样化需求。无论是追求新鲜口感的年轻人,还是注重健康养生的中老年群体,都能在现调饮品市场中找到适合自己的产品。

　　(2) 推动经济增长　现调饮品市场的快速发展,不仅为消费者提供了更多选择,也带动了相关产业链的发展。从上游的食品原料及设备耗材供应,到中游的现制饮品品牌商,再到下游的线下渠道门店和线上销售平台,整个产业链都受益于现调饮品市场的繁荣。

### 2. 促进文化交流,提升生活品质

　　(1) 文化交流平台　现调饮品店往往是文化交流的重要场所。不同地域、不同文化背景的消费者在这里聚集,通过品尝和分享现调饮品,增进彼此之间的了解和交流。

　　(2) 提升生活品质　现调饮品以其独特的口感和品质,为消费者提供了更高层次的生活体验。在忙碌的工作和生活中,一杯美味的现调饮品往往能带来愉悦和放松,提升人们的生活品质。

### 3. 引领健康风尚,推动产业创新

　　(1) 倡导健康饮食　随着消费者对健康的关注度不断提高,现调饮品市场也开始注重健康元素的融入。使用新鲜水果、蔬菜、鲜奶等天然原料制作的现调饮品,不仅口感更佳,还具有一定的营养价值,满足了消费者对健康饮食的需求。

　　(2) 推动产业创新　现调饮品市场的快速发展,也推动了相关产业的创新。为了保持市场竞争力,现调饮品品牌商不断研发新产品、新技术和新模式,推动了整个产业的持续进步和发展。

### 4. 创造就业机会,促进社会稳定

　　(1) 创造就业岗位　现调饮品市场的繁荣,为大量人员提供了就业机会。从原材料采购、生产加工到销售服务,整个产业链都需要大量的从业人员。这些就业机会不仅有助于缓解社会就业压力,还能提高人们的生活水平。

（2）促进社会稳定　现调饮品市场的发展，不仅创造了经济收益，还促进了社会的稳定。通过提供就业机会和满足消费需求，现调饮品市场为社会的和谐稳定做出了积极贡献。随着消费者对品质和健康的关注度不断提高，现调饮品市场将继续保持快速发展态势，为社会做出更大的贡献。

# 任务3　了解调饮大赛

## 一、调饮大赛的目标

调饮大赛旨在实现多重目标,首要的是促进文化传承与创新。通过这一平台,我们不仅能够传承源远流长的茶文化及其他饮品文化,为这些传统文化注入新的活力,还鼓励在传统技艺的基础上进行创意性变革,从而推动饮品文化的持续繁荣发展。其次,大赛着眼于人才培养与选拔,致力于为调饮行业挖掘和培养高水平的专业人才,提升整个行业的技能水平,为行业的长远发展提供坚实的人才支撑。同时,这也是推动产业发展的重要契机,通过探索有效的调饮技术技能人才培养模式,大赛力求促进调饮产业的高质量发展,并带动茶产业、咖啡产业等相关领域在饮品调制技术和创意上的创新与升级。此外,大赛还为调饮师搭建了一个宝贵的交流与学习平台,使他们能在竞技中相互切磋技艺,分享宝贵经验和创意灵感,共同推动调饮技术的不断精进与前行。

## 二、调饮大赛举办方

调饮大赛一般由政府部门、行业协会、院校及教育机构、企业及商业机构举办。

（1）政府部门　包括地方的人力资源和社会保障局、总工会等,举办调饮大赛可以推动当地相关产业的发展,提高劳动者的技能水平,促进就业。

（2）行业协会　如茶叶行业协会、咖啡馆协会等,这些协会对行业有深入的了解和影响力,举办比赛能够规范行业标准,提升行业整体水平。

（3）院校及教育机构　学校或专业的培训机构举办调饮大赛,可以检验学生的学习成果,提高学生的实践能力和创新思维,同时也能增强学校的教学质量和影响力。

（4）企业及商业机构　一些饮品企业、餐饮企业或商业平台为了推广自己的产品、提升品牌知名度,也会举办调饮大赛。

## 三、调饮大赛的竞赛项目

各类调饮大赛规则有所不同,现以中国供销合作社举办的全国行业职业技能竞赛——首届"都匀毛尖杯"全国调饮师职业技能竞赛总决赛为例,介绍调饮大赛的竞赛项目。

大赛以《调饮师国家职业标准》中三级/高级工的技能要求为基础,适当增加二级/技师的技能要求,融入相关新知识、新技术、新技能等内容,作为竞赛标准。

竞赛采取理论知识和技能操作相结合的形式。理论知识考核成绩占总成绩的20％,技能操作比赛成绩占总成绩的80％,竞赛总成绩满分为100分,理论和技能操作均达到及格(60分)方可参加排名。

(1) 理论知识考核　理论试题题型为单项选择题、判断题。考核内容为《调饮师国家职业标准》中关于调饮师职业道德、相关法律法规、现制饮品基础理论以及现制饮品技能知识要求等相关内容。

理论知识竞赛采用闭卷笔试方式,时间为90分钟,考核满分100分。

(2) 技能操作比赛　包括3个模块,见表1-1。

表1-1　技能比赛模块、时间及配分

| 模块号 | 竞赛模块 | 竞赛时间 | 分值 | 占技能总分％ |
| --- | --- | --- | --- | --- |
| 1 | 规定饮品制作 | 35分钟 | 100分 | 40 |
| 2 | 饮品差异判别 | 8分钟 | 100分 | 40 |
| 3 | 饮品设计创作<br>(文案设计+饮品创作) | 60+30分钟 | 100分<br>(30分+70分) | 20 |
| 合计 | | 133分钟 | | 100 |

**1. 模块1　规定饮品制作**

给出特定的饮品配方或要求,要求选手采用指定菜单制作完成10个品类的现制饮品,每个品类1杯,每杯500 ml,考验选手的操作技能和对配方的掌握程度。

(1) 比赛方式　赛前公布10款规定饮品的菜单,见表1-2,包括品名、所需物料、用量及须用主要制作设备。选手按照提供的10组菜单,一一制作完成10杯饮品(10杯饮品不得重复,否则,重复制作的饮品视为无效饮品),并呈送到对应的成品台上,之后完成工位的清洁复原工作。

(2) 比赛时间　35分钟。

表1-2　10款规定饮品制作菜单

| 序号 | 难度 | 产品名称 | 物料及主要设备 | 成品图片 |
| --- | --- | --- | --- | --- |
| 1 | 低 | 手摇泡沫红茶 | 红茶茶汤 250 ml<br>糖 25 g<br>冰块 150 g<br>雪克壶 | |

续 表

| 序号 | 难度 | 产品名称 | 物料及主要设备 | 成品图片 |
|---|---|---|---|---|
| 2 | 低 | 小青瓜椰子水 | 椰子水 250 ml<br>马蹄爆爆珠 50 g<br>黄瓜汁 25 ml<br>椰子肉片<br>黄瓜片<br>冰块 120 g | 小青瓜椰子水 |
| 3 | 低 | 珍珠奶茶 | 红茶汤 200 ml<br>珍珠 50 g<br>糖 25 g<br>牛奶 70 ml<br>厚乳 30 ml<br>冰块 130 g<br>奶昔机 | 珍珠奶茶 |
| 4 | 中 | 桂花弄<br>（热） | 桂花乌龙茶汤 250 ml<br>糖 25 g<br>牛奶 100 ml<br>厚乳 35 ml<br>干桂花<br>蒸汽机 | 桂花弄 |
| 5 | 中 | 杨枝甘露<br>（有茶版） | 茉莉绿茶汤 120 ml<br>西米 50 g<br>西柚粒 25 g<br>杧果果粒 50 g<br>椰奶 70 ml<br>杧果浆 60 ml<br>冰块 130 g<br>雪克壶 | 杨枝甘露 |

续 表

| 序号 | 难度 | 产品名称 | 物料及主要设备 | 成品图片 |
|---|---|---|---|---|
| 6 | 中 | 鲜橙气泡美式 | 凤梨橙子浆 80 ml<br>苏打气泡水 200 ml<br>咖啡液 40 ml<br>冰块 150 g | 鲜橙气泡美式 |
| 7 | 中 | 手打黄瓜柠檬 | 茉莉绿茶汤 50 ml<br>香水柠檬 60 g<br>黄瓜 50 g<br>糖 45 g<br>冰块 180 g<br>雪克壶 | 手打黄瓜柠檬 |
| 8 | 中 | 杧果酸奶昔 | 杧果果粒 70 g<br>酸奶 180 ml<br>杧果浆 80 ml<br>冰块 200 g<br>沙冰机 | 杧果酸奶昔 |
| 9 | 高 | 声声乌龙 | 水蜜桃乌龙茶汤 220 ml<br>牛奶 80 ml<br>厚乳 25 ml<br>糖 50 g(其中奶油打发用 25 g)<br>淡奶油 400 g<br>碧根果碎<br>冰块 100 g<br>奶昔机<br>奶油枪 | 声声乌龙 |

### 续 表

| 序号 | 难度 | 产品名称 | 物料及主要设备 | 成品图片 |
|---|---|---|---|---|
| 10 | 高 | 多肉葡萄 | 奶盖液 360 g<br>茉莉绿茶汤 100 ml<br>葡萄果肉 50 g<br>寒天晶球 50 g<br>葡萄汁 50 ml<br>糖 20 g<br>冰块 200 g<br>打蛋器<br>沙冰机 | 多肉葡萄<br>2023调饮师 |

**2. 模块 2　饮品差异判别**

要求选手通过味觉识别不同成分或相同成分不同配比的饮品间差异。3 杯为一组,共计 6 组;每一组中,2 杯为相同的饮品,1 杯有别于该组的其他 2 杯。选手须在每组的 3 杯中找出不同的一杯饮品。

(1) 比赛方式　选手通过味觉,对大赛提供的 6 组饮品进行品尝识别,分别找出每组成分及配比不同的 1 杯饮品,并推放至确认区。识别期间选手不得将饮品杯盖子打开,不得将饮品杯抬离桌面,否则视为最终选择,须放置在确认区。

(2) 比赛时间　8 分钟。

**3. 模块 3　饮品设计创作**

要求选手根据大赛拟定的主题,运用大赛指定的神秘物料和准备的基础物料,设计、创作具有主题性的创意饮品。评委通常会从饮品的创意、口感、外观、营养搭配等方面进行评分。

比赛分二个阶段:

(1) 第一阶段　文案设计　与理论考试同场进行。理论考试时,组委会现场公布饮品设计主题、指定的神秘物料和准备的基础物料及设备器具种类,要求选手据此创作饮品设计文案,不超过 600 字。

比赛时间　60 分钟。

(2) 第二阶段　饮品创作　选手需根据已提交的设计文案,选取现场提供的物料和设备器具,创作 3 杯饮品,1 杯用于展示,2 杯用于裁判品评。制作完成后,选手需对饮品创作进行最终描述。选手创作的饮品须与提交的文案相吻合,制作过程中可对物料配比进行适当调配。

器具要求　选手可自带调饮器具(一式三套),也可选用大赛现场提供的器具。

比赛时间　30 分钟。

## 模块二　茶与调饮茶

## 项目二　六大茶类基础知识

素养目标

1. 了解茶的历史文化背景,认识其在中国传统文化中的地位,增强对中华优秀传统文化的认同感和自豪感。

2. 通过对各种茶的品鉴和研究,培养学生的观察能力、分析能力和审美能力。

3. 感受茶所蕴含的宁静、淡泊的品质,培养学生平和、从容的心态和积极向上的生活态度。

4. 学习独具魅力的茶人精神,包括洁净精微、淡泊名利、自强不息、善利万物、以茶养廉、无私奉献、崇尚自然、爱好和谐等。

茶之所以分成那么多种类,并不是因为茶树树种的关系。不是说这棵茶树叫乌龙茶树,制造出来的茶就是乌龙茶;那一棵茶树叫做红茶树,制造出来的就是红茶。茶的不同是因为制造工艺的不同。中国制茶历史悠久,茶的分类随着茶叶制法的创新而变化。茶叶经历了从生煮羹饮到饼茶、散茶,从绿茶到多类茶。

中国发现和利用茶树距今已有4 000多年的历史。《神农本草经》记载,"神农尝百草,日遇七十二毒,得荼而解之",可见,茶的最初利用是采食鲜叶。茶之为用,最早从采食茶树的鲜叶开始,发展到生煮羹饮。郭璞的《尔雅注》有:"树小如栀子,冬生叶,可煮作羹饮。"

三国时期,魏人张揖的《广雅》记载"荆巴间采茶作饼,成以米膏出之。若饮先炙令色赤,捣末置瓷器中,以汤浇覆之,用葱姜芼之。其饮醒酒,令人不眠。"茶最早进入饮食,是从加入葱、姜、橘皮等物煮而作茗或羹饮,形同煮菜饮汤,用来解渴或佐餐,饮食兼具,还不是单纯的

饮品。

唐代,陆羽《茶经》记载"饮有粗茶、散茶、末茶、饼茶者"。其中,粗茶是用粗老茶鲜叶加工的散叶茶或饼茶;散茶是茶鲜叶蒸制后不捣碎直接烘干的散叶茶;末茶是指经蒸、捣碎后未成饼就烘干的碎末茶;饼茶是蒸压成饼形烘干的茶。

宋代,饮茶在民间也流行开来,茶叶主要分为蜡面茶、散茶和片茶3类。蜡面茶即龙凤团饼茶,散茶与唐代变化不大,片茶即为饼茶。

元代,茶叶制法在宋代基础上有所改进,将茶叶分为腊面茶、末茶和茗茶。蜡面茶和末茶在宋代片茶制法基础上改进;茗茶即为蒸青散茶,其产量较宋代有所增加,并根据茶鲜叶的嫩度分为芽茶和叶茶两类。

明代,制茶方法有了较大进步。炒制工艺从唐朝已有文字记载,但直至明代,茶叶由"蒸"变"炒"才开始规模化应用,炒制工艺提升了茶叶的香气。杀青方法让绿茶的制法不断创新,之后,黄茶、黑茶和白茶相继出现。红茶诞生自福建崇安(武夷山市)创制的小种红茶,其制法陆续传播到安徽、江西等地。

到了清代,茶类有了进一步的发展,青茶出现,福建崇安、建瓯和安溪等地开始大规模制作。至此,六大茶类均已出现,但未曾分类。古人对茶的认识比较感性,仅从直观上,如外形、颜色对茶叶分类,大多根据产地与制法命名。

茶叶的分类与初制工艺密不可分,其主要分类依据来自不同的初制工艺,随着工艺的发展与创新,衍生出多个茶类。茶叶的分类方法多种多样,依据茶叶加工工艺、茶多酚的氧化程度及品质特征,从初制的角度,将茶叶分为绿茶、黄茶、黑茶、白茶、青茶和红茶六大基本茶类。

# 任务1 绿 茶

学习目标

1. 了解绿茶的产生与发展。
2. 熟练掌握绿茶的制作工艺。
3. 熟悉绿茶的分类。
4. 掌握绿茶的代表名茶。

任务描述

现需要你了解绿茶的制作工艺和品质特征,能识别中国有代表性的名优绿茶,进而能解答顾客有关绿茶的问题。

任务分析

本次任务学习的重点是绿茶的品质特征和代表茗茶;学习难点是绿茶的制作工艺,以及从茶叶的外形、香气、滋味等方面正确区分不同种类的绿茶。

任务实施

本任务的学习流程是:理论学习绿茶的制作工艺—绿茶的分类—绿茶的代表茗茶—绿茶的识别。

## 一、绿茶的产生与发展

绿茶是中国第一大茶类,历史悠久、产区广、产量多、品质好、名品最多,不但香高味长、品质优异,且造型独特,具有较高的艺术欣赏价值。我国是绿茶的主要生产国和出口国,绿茶消费量占茶叶总消费量的70%以上。在原始社会,人类将茶叶放在火上烧烤以后,再煮,煮出的茶汤用于解渴消暑,这种"烧烤鲜茶"的做法,也许就是最原始的绿茶加工了。

## 二、绿茶的基本初制工艺

绿茶的基本初制工艺流程为：鲜叶摊放—高温杀青—揉捻—干燥。

（1）鲜叶摊放　一方面，将鲜叶集中摊放处理，激发鲜叶内酶的活性，散发一部分水分，使含水率降低，鲜叶内叶绿素发生变化，色泽变深，叶质变软，可塑性增强，便于茶叶造型。另一方面，摊放时，散发青气的同时生成更多有利于品质形成的物质。含水量减少到70％左右便可以炒制。

（2）杀青　在绿茶初制工艺中起到关键作用。目的一是破坏鲜叶中酶的活性，制止多酚类化合物的酶促氧化，以便获得绿茶应有的色、香、味；二是散发青气，发展茶香；三是改变叶子成分的部分性质，促进绿茶品质的形成；四是蒸发一部分水分，使叶质变柔软，增加韧性，便于揉捻成条。

（3）揉捻　通过揉捻达到两个目的：一是卷紧茶条，缩小体积，为塑造外形打基础；二是使叶细胞组织破碎，增加茶叶滋味的浓度，更容易泡出茶汁，也更耐冲泡。

（4）干燥　通过各种形式的外源热量，使茶叶水分含量降低至足干，使茶叶便于储藏，在前几道工艺基础上进一步提升茶叶特有的色、香、味、形。因此，干燥主要起稳固和提升茶叶品质的作用。绿茶干燥有烘干、炒干、晒干和烘炒结合等几种方式。

## 三、绿茶的主要分类

根据干燥和杀青工艺的不同，绿茶可分为炒青绿茶、烘青绿茶、晒青绿茶和蒸青绿茶4类。

（1）蒸青绿茶　我国古代杀青方法，唐代传至日本，相沿至今。蒸青是利用蒸汽杀青来破坏鲜叶中酶的活性，形成了"三绿一爽"的品质特征，干茶色泽深绿，汤色嫩绿，叶底青绿，茶汤滋味鲜爽甘醇。

（2）炒青绿茶　在初加工过程中，采用高温锅炒杀青和锅炒干燥的绿茶，称为炒青绿茶。在干燥中，由于受到的机械或手工作用力不同，形成长条形、圆珠形、扁平形、针形、螺形等不同的形状，故又分为长炒青、圆炒青、扁炒青、特种炒青等。

（3）烘青绿茶　有4个特点：一是香气浓郁、沉闷，且有烧烤过的味道；二是外形完整稍弯曲，锋苗显露，干茶墨绿，香清味醇，汤色叶底黄绿明亮；三是汤色与最后一次干燥有关，干燥温度过高，汤色清亮泛绿，温度稍低，汤色微黄，但清澈度降低；四是叶底色泽统一，泛翠绿鲜嫩。烘青工艺是为了提香，适宜鲜饮，不宜长期存放。

（4）晒青绿茶　在初加工过程中，干燥以日光晒干为主（或全部晒干）。晒青绿茶以云南大叶种的品质最好；滇青外形条索肥硕，白毫显露，色泽深绿油润，汤色黄绿明亮，香味浓醇，叶底肥硕，有日晒气味的晒青绿茶风格。

## 四、绿茶的代表茗茶

（1）西湖龙井　分为狮、龙、云、虎、梅5个品类。其中，狮峰的品质最佳。龙井茶属细嫩扁炒青绿茶，干茶色泽绿中显黄，俗称糙米色，外形扁平挺秀，光滑齐匀，形似碗钉；冲泡后清香若兰，香气高爽馥郁持久，滋味醇厚甘鲜，汤色嫩绿明亮，叶底芽叶成朵，嫩绿明亮，享有

"色绿、香郁、味醇、形美"四绝佳茗的美誉。

（2）碧螺春　中国传统名茶，产于江苏省苏州市吴中区太湖的洞庭山一带。碧螺春外形条索纤细，白毫隐翠，卷曲成螺，具"蜜蜂腿"特征；冲泡后汤色嫩绿明亮，香气嫩香持久，滋味鲜醇，回味甘甜，叶底柔嫩。人们赞道："铜丝条，螺旋形，浑身毛，花香果味，鲜爽生津。"

（3）庐山云雾　产自江西省九江市的庐山。通常用"六绝"来形容庐山云雾茶。外形条索紧结圆直，匀整多毫，色泽绿翠；汤色清澈明亮，香气鲜爽持久，有豆花香，滋味醇厚回甜，叶底肥软嫩绿、匀齐。

（4）信阳毛尖　产自河南省。条索细紧圆直，锋苗挺秀（针形），故名毛尖。色泽翠绿光润，白毫显露；冲泡后汤色嫩绿明亮，叶底嫩绿匀整，香高持久，滋味鲜醇，有熟板栗的香味。

（5）都匀毛尖　是贵州三宝之一。都匀毛尖有"三绿透三黄"的特色。干茶色泽绿中带黄，汤色绿中透黄，叶底绿中显黄；外形条索紧细卷曲似螺形，色泽绿润，白毫显露；汤色清澈，香气嫩鲜，滋味鲜浓回甘，叶底嫩绿匀齐。

（6）竹叶青　属于炒青绿茶类，产自四川省峨眉山。竹叶青外形扁平挺直，色泽嫩绿油润，两头尖细，形似竹叶；汤色嫩绿明亮，叶底浅绿匀嫩，滋味鲜醇爽口，嫩栗香持久，饮后余香回甘。

（7）黄山毛峰　原产于安徽歙县。特级黄山毛峰形似雀舌，白毫显露，色似象牙，鱼叶金黄；冲泡后，清香高长，汤色清澈，滋味鲜浓、醇厚、甘甜，叶底嫩黄，肥壮成朵。

（8）太平猴魁　两叶抱一芽，扁平挺直，自然舒展，白毫隐伏，有"猴魁两头尖，不散不翘不卷边"之称；色泽苍绿匀润，叶脉绿中隐红，俗称"红丝线"；兰香高爽，滋味醇厚回甘，有独特的喉韵；汤色清澈明亮，叶底嫩绿匀亮，芽叶成朵肥壮。

（9）六安瓜片　又称片茶。在世界所有茶类中，六安瓜片是唯一无芽无梗的茶叶，由单片生叶制成。去芽不仅保留单片形体，且无青草味；梗在制作过程中已木质化，剔除后，可确保茶叶浓而不苦，香而不涩。谷雨前后10天之内采摘，采摘时取二三叶，求壮不求嫩。干茶微向上重叠，形似瓜子，自然平展；内质香气清高，汤色碧绿，味甘鲜醇，叶底黄绿明亮。六安瓜片还十分耐冲泡，浓郁清香。

（10）恩施玉露　中国传统蒸青绿茶，成茶条索紧细匀整，紧圆光滑，色泽鲜绿，匀齐挺直，形似松针，白毫显露，色泽苍翠油润；茶汤清绿明亮，香气清高持久，滋味鲜爽甘醇，叶底嫩绿匀整。三绿即茶绿、汤绿、叶底绿，为其显著特点。

# 任务 2 白 茶

1. 了解白茶的产生与发展。
2. 熟练掌握白茶的制作工艺。
3. 熟悉白茶的分类。
4. 掌握白茶的代表茗茶。

任务描述

现需要你了解白茶的制作工艺和品质特征,能识别中国有代表性的名优白茶,进而能解答顾客有关白茶的问题。

本次任务的学习重点是白茶的品质特征和代表茗茶;学习难点是白茶的制作工艺,以及从茶叶的外形、香气、滋味等方面正确区分不同种类的白茶。

本任务的学习流程是:理论学习白茶的制作工艺—白茶的分类—白茶的代表茗茶—白茶的识别。

## 一、白茶的产生与发展

白茶是特种茶,主产于福建福鼎、政和、松溪和建阳,是一种自然天成的茶类。古代,采摘茶树枝叶,用晒干收藏的方法制成产品,类似于原始的白茶。《大观茶论》中称"白茶自为一种,与常茶不同,其条敷阐,其叶莹薄。崖林之间偶然生出,非人力所可致。"这种白茶实为白叶茶,其制作工艺仍属于蒸青绿茶。白茶的名字最早出现在《茶经》"七之事"中:"永嘉县东三百里有白茶山"。现代意义的白茶发源于建阳市漳墩乡桔坑村南坑,约在清乾隆三十七年至四十七年(1772～1782年),由当地茶农兼茶商世家肖氏创制。

白茶是福建的传统特种外销茶,主要销往德国、日本、荷兰、法国、印度尼西亚、新加坡、马来西亚、瑞士等国家以及我国台湾、香港、澳门地区。1891年已有白毫银针出口,直到20世纪90年代,白茶仍为外销茶。

白茶最主要的特点是毫色银白,素有绿装素裹之美感。外形毫心肥壮,叶张肥嫩,叶态自然伸展,叶缘垂卷,芽叶连枝,毫心银白,叶色灰绿或铁青色;内质汤色黄亮明净,毫香显,滋味鲜醇,叶底嫩匀。

## 二、白茶的制作工艺

白茶的制法可追溯到古代的晒青茶,明代就深受茶人推崇,田义蘅《煮泉小品》中描述:"芽茶以火作者为次,生晒者为上,亦更近自然,且断烟火气耳……则旗枪舒畅,清翠鲜明,尤为可爱。"这与今天的白茶制法十分接近。白茶要求鲜叶"三白",即嫩芽及两片嫩叶满披白色茸毛。初制过程虽不揉不炒,但由于长时间的萎凋和阴干过程,儿茶素总量减少约3/4,属轻微发酵茶。其加工的主要工序为萎凋、干燥。鲜叶原料多芽叶,满披毫毛,依据茶树品种可分为大白(产自大白茶树品种,如福鼎大白、政和大白)、水仙白(产自水仙品种)或小白(采自菜茶)。

(1) 萎凋　白茶加工的关键工序,目的是蒸发鲜叶中的部分水分,提高酶活性,促进内含物水解和氧化,挥发青臭气,发展茶香。主要有室内自然萎凋、复式萎凋和加温萎凋3种。其中,白牡丹萎凋经过萎凋→拼筛→拣剔→萎凋的步骤,白毫银针萎凋过程不经过拼筛和拣剔。萎凋中的生化过程也是发酵过程,所以白茶也是微发酵茶。

① 自然萎凋:采用室内自然萎凋与日光晾晒萎凋交替的方法。

② 加温萎凋:在雨天采用室内控温设备促进萎凋的方法。

③ 复式萎凋:自然萎凋与加温萎凋交替。

(2) 干燥(烘焙)　白茶的干燥方式重天然晾干或用文火烘干。干燥是白茶排除多余水分,提高香气和滋味的重要阶段。通过高温烘焙,破坏酶活性,终止酶促氧化,固定烘焙前形成的色、香、味品质;去除水分,紧缩茶条;促进内含物发生化学转化,发展白茶品质。在高温(烘焙)作用下,某些带青气的低沸点的醇、醛类芳香物质挥发和异构化,形成带清香的芳香物质。

## 三、白茶的分类

### 1. 国标分类

根据采摘部位的不同,白茶分为以下四大类。

(1) 白毫银针　以大白茶或水仙茶树品种的肥壮芽头为原料,经萎凋、干燥、拣剔等特定工艺制成的白茶产品。

(2) 白牡丹　以大白茶或水仙茶树品种的一芽一二叶为原料,经萎凋、干燥、拣剔等特定工艺制成的白茶产品。

(3) 贡眉　以群体种茶树品种的一芽两叶或一芽三叶嫩梢为原料,经萎凋、干燥、拣剔等特定工艺制成的白茶产品。

（4）寿眉　以大白茶、水仙或群体种茶树品种的一芽两三叶嫩梢或叶片为原料，经萎凋、干燥、拣剔等特定工艺制成的白茶产品。

#### 2. 按照白茶保存时间分类

（1）新白茶　当年的茶，如白毫、白牡丹等，茶叶外形褐绿或灰绿，针白且白毫密布，特别是阳春三月采摘的白茶，叶片底部及顶芽的白毫较其他季节所产的更为丰厚。

（2）老白茶　储存多年的白茶。一般的茶保质期为两年。过了两年的保质期，保存得再好，茶的香气也散失殆尽。白茶却不同，它与生普洱一样，储存年份越久，茶色越为醇厚和香浓。素有"一年茶、三年药、七年宝"之说。一般五六年的白茶就可算老白茶，十几二十年的老白茶已经非常难得。

在正确的仓储条件下，白茶存放时间越长，其药用价值越高，因此老白茶具有收藏价值。老白茶不仅在现代中医处方中可做药引，而且其功效越久越显著，非新茶可比拟。

#### 3. 按工艺分类

（1）传统工艺白茶　经过日晒、复式萎凋和自然萎凋到80％～90％的干燥度后，以30～40℃文火烘干。

（2）新工艺白茶。　1968年福建省为适应港澳市场需求研制，最大特点是经过轻揉捻。其工艺为轻萎凋（相对传统白茶而言）—轻揉捻—轻发酵和烘干。外形卷缩，略带条形，内质滋味甘和，色、味趋浓，品质自成一格。

## 四、白茶的代表茗茶

（1）白毫银针（芽型白茶）　约创建于清嘉庆初年的福鼎县，简称为银针，又叫白毫，素有"茶中美女"之美称。鲜叶原料全都是茶芽，成品茶形状似针，白毫密披，色白如银，由此得名。冲泡后香气清鲜，滋味醇和，会出现"白云疑光闪，满盏浮花乳"的景象，芽芽挺立，堪称奇观，极具观赏价值。

白毫银针按产地不同分为北路银针和南路银针两种。北路银针产自福建福鼎，外形优美，芽头肥壮，多茸毛，色泽银亮，富光泽；香气清鲜带毫香，汤色浅杏黄色，清澈明亮，滋味清鲜微甜。南路银针产自福建政和，外形芽头肥壮，满披茸毛，银白或灰白，香气清纯，毫香明显，滋味清鲜醇爽毫味显；汤色浅杏黄；叶底全芽、肥嫩、明亮。白毫银针富含氨基酸，尤以茶氨酸最为突出。

（2）白牡丹（芽叶型白茶）　1922年创建于福建省建阳县，生产于福鼎县、政和县、建阳县，我国台湾省也有生产。白牡丹属花朵型白茶。白牡丹产品分特级、一级、二级。外形自然舒展，两叶抱一芽（绿叶夹银白毫心），叶背垂卷，形似花朵，色泽灰绿，冲泡后绿叶托着嫩芽，犹如蓓蕾初绽，故名白牡丹。冲泡后香气芬芳，滋味鲜醇，汤色杏黄或橙黄，清澈明亮，叶底芽叶成朵，肥嫩匀整。因产地不同，品质特征也有差异。政和白牡丹产品分特级、一级、二级。外形两叶抱一芽（或芽叶连枝），香气毫香显露，滋味清纯有毫味，汤色杏黄，清澈明亮；叶底芽叶连枝成朵，叶脉微红（叶绿红筋）。

（3）贡眉（芽叶型白茶）　是白茶中产量最高的一个品种，约占白茶总产量的一半以上。菜茶的茶芽曾经用来制造白毫银针等品种，但后来改用大白来制作白毫银针和白牡丹，而小白就用来制作贡眉了。贡眉以群体种茶树的一芽二三叶嫩梢为原料,菜茶的芽较小,外形叶态卷,有毫心,色泽灰绿偏黄。内质汤色橙黄亮,香气鲜纯,等级高的带毫香,滋味醇爽,叶底黄绿,叶脉带红。

(4) 寿眉(多叶型白茶)　以大白茶、水仙或群体中的茶树品种的嫩梢和叶片为原料,其品质外形叶态尚卷曲,色泽灰绿带黄,内质汤色橙黄,香气纯正,滋味醇厚尚爽,叶底黄绿,叶张尚软。

## 知识链接

### 云南白茶

云南普洱市景谷县民乐乡秧塔村的大白茶种植历史有160余年,清道光二十年(1840年),陈家从勐库茶山采得数十粒种子,藏于扁担中带回种植。1981年,景谷秧塔大白茶列为地方茗茶良种。

云南月光白干茶叶面呈现黑色,叶背呈现白色,黑白相间。鲜叶采摘后在室内自然阴干,这样阴干而制成的月光白出现于2003年前后。近些年,云南也有产茶区采用鲜叶日光萎凋制作白茶,其成品香气更加清高,区分于月光白清幽的香气。

# 任务3 黄　　茶

**学习目标**

1. 了解黄茶的产生与发展。
2. 熟练掌握黄茶的制作工艺。
3. 熟悉黄茶的分类。
4. 掌握黄茶的代表名茶。

**任务描述**

现需要你了解黄茶的制作工艺和品质特征,能识别中国有代表性的名优黄茶,进而能解答顾客有关黄茶的问题。

**任务分析**

本次任务的学习重点是黄茶的品质特征和代表茗茶;学习难点是黄茶的制作工艺,以及从茶叶的外形、香气、滋味等方面正确区分不同种类的黄茶。

**任务实施**

本任务的学习流程是:理论学习黄茶的制作工艺—黄茶的分类—黄茶的代表茗茶—黄茶的识别。

## 一、黄茶的产生与发展

黄茶干茶色泽绿黄明亮,汤色和叶底呈浅黄色、黄色,发酵程度为15%～25%,凉性偏温,因产量低,是稀缺型茶类。

黄茶全套生产工艺是在公元1570年前后形成的,如黄大茶创制于明代隆庆年间,距今已有400多年历史。

## 二、黄茶的制作工艺

黄茶初制与绿茶相似,不同之处在于干燥前后增加一道闷黄工序。闷黄过程中,茶多酚含量呈现下降趋势,降幅不大,儿茶素组分变化较大。闷黄导致儿茶素(EC)、没食子儿茶素(GC)、没食子酸酯(GCG)和茶黄素增加,而表没食子儿茶素-3-没食子酸酯(EGCG)和茶多酚比例下降。促进多酚类部分自动氧化,简单儿茶素明显降低,其含量与绿茶有很大差异。闷黄的过程使酯型儿茶素大量减少,使黄茶的香气变纯,滋味变醇。黄茶的制作工艺主要包括杀青—闷黄—干燥。其中,闷黄是制作黄茶的重要工序。揉捻不是黄茶的必需工艺。君山银针和蒙顶黄芽就不揉捻;黄大茶在锅内边炒边揉捻,也没有独立的揉捻工序。

(1) 杀青　通过杀青蒸发一部分水分,散发青草气,对香味形成有重要作用。杀青温度限于破坏酶的活性,制止多酚类化合物的酶性氧化。

(2) 闷黄　黄茶制法的特殊流程,可分为湿坯闷黄和干坯闷黄。湿坯闷黄是指在杀青后,或揉捻或堆闷使之变黄。沩山毛尖杀青后热堆,经6~8h即可变黄;平阳黄汤杀青后,多叶型再经热揉,堆闷于竹篓内1~2h就可变黄;北港毛尖炒揉后,覆盖棉衣半小时,俗称拍汗,促其变黄。

(3) 干燥　黄茶的干燥与闷黄交替进行,干燥方式有烘焙和炒干两种。干燥温度先低后高,是形成黄茶香味的重要因素。大叶黄茶在干燥后,EGCG、ECG、EC和EGC水平显著降低,而差向异构化儿茶素GC和GCG含量显著增加。

## 三、黄茶的分类

(1) 芽型　采用单芽或一芽一叶初展制作而成的,茶叶细嫩,显毫,香味鲜醇。著名的有湖南的君山银针、浙江的莫干黄芽和四川的蒙顶黄芽等。君山银针在干燥后会进行"复包"再次闷黄。进一步促进茶多酚氧化。外形呈针形或雀舌形,茶芽壮实、挺直,色泽嫩黄,内质汤色杏黄明亮,香气较清鲜,滋味醇厚回甘,叶底肥嫩黄亮。

(2) 芽叶型　采用一芽一叶、一芽二初展加工制成。外形芽壮叶肥,毫尖显露,呈金黄色,汤色橙黄,香气清高,味道醇厚,甘甜爽口。品种有湖北的远安鹿苑茶、湖南的北港毛尖和沩山毛尖、浙江的平阳黄汤、安徽的黄小茶等。外形多样,有条形、扁形和兰花形,色泽黄青,内质汤色黄明亮,香气清高,滋味醇厚回甘,叶底柔软黄亮。其中,沩山毛尖因干燥过程采用烟熏,香气具有松烟香。

(3) 多叶型　采用一芽多叶加工制成。外形梗壮叶肥,叶片成条;梗叶相连,形似钓鱼钩,金黄显褐,色泽油润,汤色深黄显褐,叶底黄具有浓烈的老火香(俗称锅巴香)。主要品种有安徽霍山黄大茶和广东大叶青。外形条索卷略松,带茎梗,色泽黄褐,内质汤色深黄亮,香气纯正或有锅巴香,滋味醇和,叶底尚软黄尚亮。

## 四、黄茶的代表茗茶

(1) 君山银针　产自湖南岳阳洞庭湖的洞庭山,形似针,满披毫毛,故称君山银针。其品质特征是:外形芽头肥壮挺直、匀齐,满披茸毛,色泽金黄光亮,也称金镶玉;汤色浅黄明亮,香气清鲜,滋味甜爽。冲泡后,初始芽尖朝上、蒂头垂直而悬浮于水面;随后竖沉于水底,忽升忽降,最多可达3次,有"三起三落"之称,最后徐徐竖沉于杯底,形如鲜笋出土,又似金枪直立,汤色茶影,交相辉映,极为美观。君山银针制造工艺精细,分杀青、摊凉、初烘、初包、复烘、复包、足火8道工序,全程历时4天左右。

(2) 蒙顶黄芽　产自四川雅安市名山区蒙顶山,因雨雾蒙蒙而得名。蒙顶山是茶和茶文化的发祥地之一。早在2000多年前,蒙山茶祖师吴理真就开始在蒙顶驯化栽种野生茶树,开始了人工种茶的历史。特级蒙顶黄芽用清明前全芽头制作,每斤干茶需要5万～6万个芽头。蒙顶黄芽的品质特点是芽叶整齐,外形扁直,肥嫩多毫,色泽金黄,芽毫毕露,内质香气清纯,汤色黄亮,滋味甘醇,叶底嫩匀,黄绿明亮。

(3) 霍山黄芽　源于唐朝之前,兴于明清,主要产自安徽省霍山县。唐代为蒸青团茶,以茶树上幼嫩的黄色芽叶制成。到宋代以后,贡茶全部改为散茶。霍山黄芽从杀青、毛火(第一次烘干)后采取闷黄的方式。自唐至清,霍山黄芽历代被列为贡茶。霍山黄芽形似雀舌芽,芽叶细嫩多毫,色泽嫩黄,汤色黄绿,清澈明亮,香气清香持久,滋味鲜醇,浓厚回甘;叶底嫩黄明亮,嫩匀厚实。

(4) 平阳黄汤　产自浙江省温州市平阳县,清明节前开采。采用良种茶树鲜叶,经摊放、杀青、做形(揉捻)、闷黄、干燥、精制或者蒸压成形等工艺加工而成。浓而不涩,厚而甜醇,具有干茶显黄、汤色杏黄、叶底嫩黄的"三黄"品质特征。

平阳黄汤始制于清代,在乾隆时期被列为朝廷贡品,一直延续至宣统年间。《清代贡茶研究》记:"浙江的贡茶中,数量最大的不是龙井茶,而是黄茶。黄茶作为清代宫廷烹制奶茶的主要原料……",书中所言的黄茶即平阳黄汤。平阳黄汤与君山银针、蒙顶黄芽、霍山黄芽并称为中国四大传统黄茶。

(5) 广东大叶青　主要产自广东省韶关、肇庆、湛江等地,是黄大茶的代表品种之一。以大叶种茶树的鲜叶为原料,采摘标准为一芽三四叶,初制时经过堆积,形成了黄茶品质,产品以侨销为主。其外形条索肥壮、紧结重实,老嫩均匀,叶张完整显毫,色泽青润显黄,香气纯正,滋味浓醇回甘,汤色深黄明亮,叶底浅黄,芽叶完整。

(6) 沩山毛尖　产于湖南宁乡县沩山乡,是我国古老的传统茗茶,外形叶边微卷呈条块状,金毫显露,色泽嫩黄油润;内质香气有浓厚的松烟香,汤色杏黄明亮,滋味甜醇爽口,叶底芽叶肥厚,为甘肃、新疆等地所喜爱。形成沩山毛尖黄亮色泽和松烟味品质特征的关键在于杀青后,闷黄和烘焙采用了烟熏。沩山毛尖在制茶工艺最后采用枫木或镶黄藤燃烧熏烟,从而使茶叶具有烟香。一般来说,凡茶叶具有烟味、焦味或腥气者,便认为此茶质量不好,但沩山毛尖带有松烟味,是质量上乘的标志。

(7) 远安鹿苑茶　产于湖北省远安县鹿苑寺,迄今已有750多年历史。据县志记载,起初不过是寺僧在寺两旁栽培,产量甚微。当地村民见茶香味浓,争相引种,逐渐扩大栽培范围。外形色泽金黄,锋毫显露,条索呈环状,俗称环子脚,内质清香持久,叶底嫩黄匀齐,冲泡后汤色绿黄明亮,滋味鲜醇回甘。

# 任务4 青　　茶

**学习目标**

1. 了解青茶的产生与发展。
2. 熟练掌握青茶的制作工艺。
3. 熟悉青茶的分类。
4. 掌握青茶的代表名茶。

**任务描述**

青茶又称乌龙茶,是中国特有的茶类之一,属于半发酵茶,产区主要分布于福建、广东和台湾地区。现需要你了解青茶的制作工艺和品质特征,能识别中国代表性的名优乌龙茶,进而能解答顾客有关乌龙茶的问题。

本次任务的学习重点是青茶的品质特征和代表茗茶;学习难点是青茶的制作工艺,以及从茶叶的外形、香气、滋味等方面正确区分不同种类的青茶。

本任务的学习流程是:理论学习青茶的制作工艺—青茶的分类—青茶的代表茗茶—青茶的识别。

## 一、青茶的产生与发展

青茶的前身北苑茶起源于福建,至今已有1 000多年的历史。北苑茶是福建最早的贡茶,也是宋代以后最为著名的茶,历史上介绍北苑茶产制和煮饮的著作就有十多种。北苑茶的重要成品是龙团凤饼。武夷山茶则在北苑茶之后,于元朝、明朝、清朝获得了贡茶地位。

青茶干茶色泽乌褐、黄褐、青褐、砂绿、青绿、暗绿,汤色浅黄、黄、黄红;有天然花香、果香,从清新的花香、果香到熟果香都有,香高馥郁持久滋味浓醇,韵味独特,回甘;叶底有"绿叶红镶边""三红七绿"的明显特征。

## 二、青茶的制作工艺

青茶的天然花果香气和特殊的韵味,与其茶树品种,生态条件,加工工艺等因素有关。

青茶的基本初制工艺:萎凋→做青(摇青与凉青反复交替)→杀青→揉捻(或包揉)→干燥。

其中,做青是制作青茶的重要工序,有效控制鲜叶多酚氧化酶的氧化程度,增加茶叶香气物质;而后,通过杀青钝化酶的氧化,促进鲜叶在非酶促氧化状态下进行造型和干燥,形成其独特的品质风格。

### 1. 萎凋

青茶萎凋主要包括晒青和凉青两个过程。其目的是降低鲜叶含水量,促进酶的活性和叶内成分的化学变化,进一步挥发低沸点的青气,促进高沸点香气物质的形成,为做青阶段做好准备。

(1)晒青　利用太阳的漫射光晾晒的过程。室外温度在25～35 ℃,时间在15～60 min不等。根据阳光的强弱、空气的温湿度和鲜叶的含水量灵活掌握晒青时间。致叶面失去光泽,叶色转暗绿色,有轻微花香散出。

(2)凉青　经过晒青后把晒过的鲜叶转移到阴凉的地方,使鲜叶中的化学物质继续转化,使茶叶内的水分再次均匀的分部。

在阴雨天鲜叶无法正常晒青的情况下,可进行加温萎凋。萎凋槽萎加温凋是将鲜叶静置于萎凋槽内均匀摊放约2～4 h进行加温萎凋,可用紫外线灯光照射,中间翻拌鲜叶2～3次。目的是克服阴雨天气无法晒青的难题。

### 2. 做青

做青是青茶加工独有的工艺。做青为摇青和凉青反复交替进行的过程。摇青是指通过外力使青叶做跳动、旋转和摩擦等运动,让青叶外缘组织受到机械损伤的过程,其目的是促进内含物的酶促氧化等系列反应;凉青则是在室内静置处理,使得青叶水分进一步降低,有利于茶青的嫩茎向叶面输送水分等物质(走水)。摇青和凉青反复进行,促进青茶形成香高、味醇的优良品质。

摇青方法分为手工和机械两种。手工做青是待鲜叶摊凉后,将水筛搬到做青间,按顺序放在青架上,静置1 h后开始摇青。双手握水筛边缘,有节奏地旋转摇摆,叶子在筛上旋转、上下翻动、叶与叶、叶与筛面碰撞、摩擦,促进走水,碰伤叶缘组织,发生局部氧化。第一次摇青后放置1～2 h,进行第二次摇青,这样反复进行4～8次,历时8～16 h。

茶叶经过摇青后,由于叶缘细胞的破碎发生轻度氧化,叶片边缘呈现红色,叶片中央部分叶色由暗绿变为黄绿,即所谓的"绿叶红镶边"。现在由于大部分茶叶选用机摇的方式,"绿叶红镶边"的特征已经不是很明显了,少量采用手摇青制作而成的茶叶,依然较好地保留了这个特征。

### 3. 杀青

鲜叶的香气物质已经在做青阶段基本形成,杀青是承前启后的转折工序,原理与绿茶基本一致。通过高温破坏多酚氧化酶的活性,防止做青叶继续氧化,巩固做青形成的品质。同时,低沸点芳香物质如青草气的挥发与高沸点芳香物质显露,形成馥郁的茶香;通过湿热粉碎部分叶绿素,使叶片黄绿而亮。青茶的杀青是为了进一步散发低沸点的青气,提升茶香,同时减少茶叶水分含量,使叶张柔软,有利于揉捻成型。

### 4. 揉捻(或包揉)

青茶揉捻原理与其他茶类类似,但不同品类青茶揉捻程度不同。揉捻与包揉是不同的做形工艺,闽北乌龙茶与广东乌龙茶采用揉捻方法做形;而闽南乌龙茶采用包揉工艺,其揉捻程度较重。

条形青茶采用揉捻。鲜叶通过揉捻,叶片紧卷转成条,部分茶汁挤溢附着在叶子表面,体积缩小,对提高茶叶品质和外形有重要作用。

颗粒形乌龙需经包揉工艺。包揉是球形和半球形的加工工艺,包括包揉(压揉)、松包解团、初烘、复包揉(复压揉)、定形等工序。机械包揉使用包揉机、速包机和松包机配合反复进行,历时约3~4 h。

### 5. 干燥

采用烘焙或碳焙的方式干燥,但与其他茶类的干燥工艺有一定的不同。主要区别在于两次干燥成形和多次烘焙成形。其目的在于蒸发茶叶中的水分,缩小茶叶体积,固定外形和品质,保持足干,防止霉变,利于青茶香高味醇品质进一步形成。

## 三、青茶的分类

青茶俗称乌龙茶,主要产自我国的福建、广东和台湾等地区。采用适制青茶的水仙、铁观音、肉桂、宋种、台茶系列等其他名丛和乌龙茶品种,采摘成熟度较高的驻芽新梢的叶片(俗称开面采),加工而成的青茶具有香高味醇等品质特征。

青茶的加工工艺:

闽南青茶:萎凋—轻度做青—杀青—包揉或压制—烘焙。

闽北青茶:萎凋—做青—杀青—揉捻—烘焙。

广东青茶:萎凋—做青—杀青—揉捻—烘焙。

台湾青茶:萎凋—做青—杀青—揉捻或包揉—烘焙。

### 1. 闽北青茶

闽北青茶有武夷岩茶、闽北水仙和闽北乌龙 3 种。以武夷岩茶品质特点最为突出。武夷岩茶外形条索肥壮,紧结匀整,带扭曲条形,叶背起蛙皮状沙粒,俗称"蛤蟆背";色泽油润带宝光,内质汤色橙黄或橙红明亮,香气馥郁持久,滋味醇厚回甘,汤中带香味;叶底柔软匀亮,边缘朱红或起红点,耐冲泡。

### 2. 闽南青茶

按照茶树品种区分,闽南青茶有铁观音、本山、毛蟹、黄金桂、永春佛手和色种(色种有铁观音和其他品种的乌龙茶拼配制作)。此外,闽南漳平地区的漳平水仙在制作工艺上用压制代替了包揉,成品茶外形为方块状,长宽度约为 5 cm,厚度约为 2 cm。闽南乌龙茶普遍的品质特征为,外形颗粒紧结重实,色泽砂绿油润,内质汤色绿黄明亮,香气清高持久,滋味醇厚回甘。叶底柔软有红点。

### 3. 广东青茶

广东青茶主要有粤西廉江地区的颗粒形青茶,粤东山区梅州的大浦、丰顺、兴宁单丛,粤东潮州地区的单丛,潮州单丛按区域划分为潮安凤凰单丛、石古坪乌龙、饶平岭头单丛,按传统花色分为单丛、浪菜、水仙3个花色等级,色种茶主要是广东省以外乌龙茶品种制成的茶叶如(黄旦、大叶奇兰、梅占等)等其他品种,以潮州地区的单腊茶最为著名。例如凤凰单丛,其外形条索紧结肥壮,身骨重实,匀整挺直,黄褐油润,内质汤色金黄,清澈明亮;有天然花果香且持久,滋味醇厚鲜爽;汤中带香韵味显(蜜韵),叶底黄绿带红边,柔软亮。

### 4. 台湾青茶

台湾青茶按外形主要分为条形青茶和球形青茶两大类。条形青茶主要以文山包种为代表,不同产地、海拔的茶品质有所差异。

台湾青茶木栅铁观音和白毫乌龙,因其发酵程度较重,颜色较其他青茶稍深,香气较浓郁,带果香,滋味醇厚甘滑。木栅铁观音因产于台北市木栅区而得名,又叫台湾铁观音。其风味特征明显,香气有火香。白毫乌龙别名东方美人、膨风茶和香槟乌龙,其发酵程度较重,由被小绿叶蝉吸食后的鲜叶加工而成,外形条索紧结,身骨较轻,白毫显露,枝叶相连,白、绿、红、黄、褐多色相间似花朵,内质汤色橙红,香气果蜜香鲜,滋味醇和甘甜带蜜果香;叶底浅褐色有红边,成朵。

## 四、青茶的代表茗茶

### 1. 闽南青茶

闽南乌龙茶一般品质特征为,外形颗粒圆结重实,色泽砂绿油润或乌润,内质香气馥郁;汤色橙黄清亮,滋味醇厚鲜爽回甘;叶底软亮匀齐。闽南乌龙茶按鲜叶原料的茶树品种分为铁观音、黄金桂、本山、乌龙、色种等。除安溪铁观音外,安溪县境内的毛蟹、本山、大叶乌龙、黄金桂、奇兰等色种统称为安溪色种。

(1)安溪铁观音　铁观音既是茶名,又是茶树品种名,因身骨沉重如铁,形美似观音而得名,是闽南乌龙茶的代表。高档铁观音是闽南乌龙茶的极品,品质特征是外形紧结沉重,传统包揉的多呈螺旋形,现代机械包揉的呈颗粒形。身骨重实,色泽砂绿油润,青腹绿蒂,俗称"香蕉色";内质香气清高馥郁,具天然的兰花香;汤色金黄清澈明亮,滋味醇厚甜鲜,入口微苦,立即转甘;"音韵"明显,耐泡;叶底开展,肥厚软亮,匀整,边缘下垂,青翠红边显。

清香型安溪铁观音采用新工艺,即轻摇青,长时间静置,产品色泽翠绿,香气呈清香加花香型,有铁观音品质风格(音韵),汤色呈蜜绿,滋味清醇甘爽,滋味花香明显,叶底红边不明显,产品分为特级、一级、二级、三级。

浓香型安溪铁观音是采用传统工艺生产的铁观音,与历史上的产品风格接近。产品特征是外形色泽砂绿带褐红点,花香馥郁,有铁观音品种风格(音韵);汤色金黄,滋味醇厚滑爽;叶底软亮有红边。产品分为特级、一级、二级、三级、四级。

(2)安溪色种　外形条索壮结匀净,色泽翠绿油润,内质香气清高细锐,汤色金黄,滋味醇厚甘鲜;叶底软亮匀整红边显。

色种的几个优良品种特征如下:

① 本山:乌龙茶的一种,由本山品种加工而成。本山外形条索壮实沉重,梗鲜亮,较细瘦,称"竹子节";色泽乌润,青腹绿蒂红边三节色;汤色橙黄,香气带兰花香,滋味醇厚鲜爽,有回甘;叶底叶张略小,叶尾稍尖,主脉略细,稍浮白。

② 黄金桂:又名黄旦或黄金贵,鲜叶的叶片轻薄,梗细小,节间短,含水量低。因此,其初制工艺与铁观音相比,有晾青程度低、做青历时短、摇轻程度偏轻、烘焙温度较低的特点。其总的品质特征为条索紧结匀整,色泽绿中带黄,内质香气高锐,带花香,被誉为"透天香""千里香",滋味醇和回甘;汤色金黄明亮,叶底黄嫩软亮,红边显。黄金桂不单独作为商品茶时,是调剂拼配茶香气的好原料。

③ 毛蟹:品种特征明显,其叶形圆小,中部宽,叶尖突尖;叶面表面平展,无类似铁观音的凹凸不平现象,叶质较硬,叶色为深绿色,边缘的锯齿非常锋利,呈鹰钩状;叶背有较多的白色茸毛;外形条索结实、弯曲、螺状,头大尾小,芽部白毫显露,称为"白心尾";色泽乌绿,稍有光泽;内质香气高而清爽,称"清花味",或似茉莉花香;汤色黄明,滋味浓醇;叶底软亮匀整。毛蟹原是色种拼配茶之一,现在也有单独销售的,但产量不高。

④ 奇兰:条索细瘦,稍沉重,色泽乌绿;内质香气清高,似兰花香,滋味清醇;汤色清黄;叶底叶脉浮白,叶身头尾尖,叶面清秀。

⑤ 梅占:外形条索肥壮卷曲,色泽褐绿稍润;汤色金黄或橙黄,香高味浓厚,滋味浓厚欠醇和;叶底叶张硬挺,红边较显。

⑥ 闽南水仙:条索肥壮紧结卷曲,色砂绿油润间蜜黄;内质香气清高,兰花香显露;汤色金黄,清澈明亮,滋味醇厚甘滑;叶底肥厚软亮,红边显。具有"汤色黄,香气足,泡水长"的特点。

⑦ 漳平水仙茶饼:又名"纸包茶",系乌龙茶紧压茶,产于福建漳平双洋、南阳、新桥等地。水仙茶饼的工艺流程为晒青、凉青、摇青、炒青、揉捻、模压造型、烘焙,有别于条形乌龙茶的制作。品质特征是外形呈小方块,边长约为5 cm,厚约1 cm,形似方饼,色乌褐油润;干香纯正,内质香气高爽,具花香且香型优雅,滋味醇正甘爽味中透香;汤色橙黄,清澈明亮;叶底肥厚黄亮,红边鲜明。

2. 闽北青茶

福建北部武夷山种茶历史悠久,自然条件优越,堪称天然的植物园,茶树品种丰富,有茶树品种王国之称。产地包括武夷山、建瓯、建阳、水吉等地。早在宋代,武夷山茶就被列为贡茶,统称为武夷岩茶,主要分武夷岩茶、闽北水仙、闽北乌龙等品种,以武夷岩茶最为出名。

(1) 闽北水仙 外形条索紧结沉重,叶端扭曲,色泽乌润,间有砂绿蜜黄(鳝皮色);内质香气浓郁,具有兰花清香;汤色橙红清澈,滋味醇厚鲜爽回甘;叶底肥软黄亮,红边显。闽北水仙因产地不同分为崇安、建瓯、水吉3种,品质也略有差异。

① 崇安水仙:是对武夷山的外山茶而言,品质虽不及岩茶,但仍不失为闽北乌龙茶中的佳品。干茶条索粗松,色泽黄绿有光,香气芬芳,茶汤浓厚,滋味醇正鲜爽。

② 建瓯水仙:条索虽较粗松,但比崇安水仙好,茶汤金黄色,浓厚鲜艳;滋味醇厚清鲜;叶底粗老皱缩,不很开展,绿叶红镶边较少。

③ 水吉水仙:条索较紧结,形状不及建瓯水仙整齐,色泽灰、黑黄绿;茶汤淡薄清澈,香

气较低,滋味清淡醇正;叶底细嫩,黄绿明亮。

（2）闽北乌龙　外形条索紧结重实,叶端扭曲,色泽乌润;内质香气浓郁清长,汤色金黄明亮,滋味醇厚带鲜爽;叶底柔软,肥厚匀整,绿叶红镶边。

（3）武夷岩茶　历史上的武夷岩茶产自武夷山。武夷山多岩石,茶树生长在岩缝中,故称武夷岩茶。现在根据国家标准《地理标志产品　武夷岩茶》(GB/T 18745－2006)规定,武夷岩茶为产于武夷山市行政区内,在独特的武夷山自然生长环境下。选用适合的茶树品种无性繁殖与栽培,并用独特的传统架构工艺制作而成,具有岩韵(岩骨花香)品质特征的乌龙茶。

武夷岩茶总体品质特征为,外形条索肥壮紧结匀整,带扭曲条形,俗称"蜻蜓头";叶背起蛙皮状砂粒,俗称"蛤蟆背";色泽绿润带宝光,俗称"砂绿润";内质香气馥郁隽永,具有特殊的"岩韵",俗称"豆浆韵";滋味醇厚回甘,润滑爽口;汤色橙黄,清澈艳丽;叶底柔软匀亮,边缘朱红或起红点,中央叶肉浅黄绿色,叶脉浅黄色,耐冲泡。

武夷岩茶有3种分类:一是品种分类,有水仙、肉桂、武夷菜茶、矮脚乌龙等;二是名丛分类,有大红袍、铁罗汉、白鸡冠、水金龟、半天妖、北斗等;三是产品分类,有大红袍、名丛、肉桂、水仙、奇种等。名丛为岩茶之王,四大名丛即大红袍(商品)、铁罗汉、白鸡冠、水金龟最为名贵。

① 大红袍:在四大名丛中享有最高声誉。大红袍既是茶树名,又是茶叶名,分为特级、一级和二级。特级品质特征:条索紧结、壮实,稍扭曲,色泽青褐油润带宝光;内质香气馥郁,有锐、浓长或幽之感;滋味浓而醇厚,鲜滑回甘,岩韵明显;杯底余香持久,汤色深橙黄明亮;叶底软亮匀齐,红边鲜明,耐泡度好,九泡有余香。

② 铁罗汉:最早的名丛茶树,生长在武夷山慧苑岩的鬼洞,即蜂巢坑。其干茶褐色呈蛤蟆背,带老霜,条索紧结弯曲、匀整;香气浓厚,焙火味,带花香;汤色橙黄明亮;滋味微涩,带浓厚甘鲜并持久,岩韵显;叶底肥厚软亮,红边明显。

③ 白鸡冠:其名早在明代已有传闻。干茶色泽青绿间褐,茶汤淡黄明亮,香气高爽,滋味浓醇甘鲜,叶底黄绿,边缘有红。

④ 肉桂:分为特级、一级、二级。条索肥壮紧结、沉重;色泽青褐油润、砂绿明,红点明显、匀整;香气浓郁持久,有淡雅的桂皮香;滋味醇厚回甘,岩韵明显;汤色金黄清澈明亮;叶底肥厚软亮,红边鲜明。属高香品种。

⑤ 水金龟:干茶绿褐带宝色,条索紧结弯曲、匀整;内质汤色黄亮,香气腊梅香悠长;滋味滑爽,回甘明显;叶底绿润软亮。

⑥ 水仙:分特级、一级、二级、三级。特级水仙特征品质特征:条索壮结、叶端褶皱扭曲,如蜻蜓头,色泽青褐油润,部分起蛙皮状小白底,具有"三节色"特征;香气浓郁鲜锐,特征明显;滋味浓爽鲜锐,品种特征显露,岩韵明显;汤色金黄清澈;叶底肥嫩软亮,红边鲜艳。

⑦ 奇种:分为特级一级、二级、三级。特级奇种品质特征:条索紧结重实,叶端褶皱扭曲,色泽乌润砂绿,具有"三节色"特征;香气清高;滋味清醇甘爽,岩韵显;汤色金黄清澈;叶底软亮匀齐,红边鲜艳。

### 3. 广东乌龙茶

广东乌龙茶主要分布在潮州市的潮安市、饶平县;揭阳市的普宁、揭西,梅州地区的梅县、大埔县、蕉岭县、丰顺县、兴宁市等,粤北地区的英德市及粤西地区的罗定市和廉江市等地亦有生产。潮州潮安县和饶平县是广东乌龙茶的主产区。潮州单丛主要产区在潮安区凤凰镇,有性繁殖制成的茶叶和地名相结合称为"凤凰水仙",按产品花色区分也有"凤凰水仙"名称。从凤凰水仙群体种中选育出来的优异单株繁育加工的产品,有独特的品质风格,称为凤凰单丛。

广东乌龙茶的花色品种主要有单丛(岭头单丛、凤凰单丛)、水仙、石古坪乌龙及色种茶。色种主要有大叶奇兰茶、黄旦、梅占茶、金萱等品种,以岭头单丛和凤凰单丛最为著名。

(1)凤凰单丛　产于潮州市潮安区的茗茶之乡凤凰镇凤凰山,是从国家级良种凤凰水仙群体品种中选育出来的优异单株。其成品茶有花果香气,沁人心脾,具独特的山韵。凤凰单丛茶有几十个品系与类型。凤凰茶具自然花香型的品种有几十种,具天然果香型和其他清香型各有10几种。用这些优异单株鲜叶制成的茶有黄枝香、芝兰香、桂花香等乌龙茶。凤凰单丛既是茶树品种名称,又是成品茶的名称。

凤凰单丛外形条索肥壮,紧结重实,匀整挺直,乌褐似鳝皮色,油润有光;内质香气清高,具天然的花香,汤色橙黄清澈明亮,滋味浓爽,润喉回甘;叶底边缘朱红,叶腹黄亮。以香高味浓之特色闻名海内外,被视为乌龙茶中珍品。

(2)凤凰水仙　鸟嘴茶是凤凰水仙的代表,叶尖似鸟嘴型而得名。该茶因品种和加工精细程度不同,按品质特征可分为单丛、浪叶、水仙3个花色;按加工季节分为春茶、夏暑茶、秋茶、雪片(冬)茶。成品茶品质特征:外形条索美观紧结,粗壮匀整;色泽灰褐或黄褐油润似鳝鱼皮,富光泽;具有独特的自然花香,香气馥郁;内质汤色橙黄明亮,滋味浓爽,回甘强而持久,山韵突出;叶底黄绿软亮,叶缘呈朱红色,经久耐泡。

(3)岭头单丛　又称白叶单丛、白叶工夫。该茶树品种原在饶平县坪溪镇(现浮滨镇)岭头村,茶农在凤凰水仙群体中选育而成。早芽种,叶呈长椭圆形,叶色黄绿,叶质柔软;条索紧结,重实匀净,色泽黄褐油润;内质香气高锐,蜜韵悠长,汤色橙黄明亮,滋味浓醇回甘强而快,风味独特,饮后有甘美怡神、清新爽口之感。

岭头单丛茶树品种在广东各地引种后,均冠以地方名称+品种名称,例如凤凰白叶单丛茶、兴宁白叶单丛茶等。因产地生态环境不同,各地采制技术有别,其成茶品质风格各具特色。如潮安县凤凰产区生产的凤凰白叶单丛茶,香气清高优雅,自然甜花香,滋味甘醇顺滑,浓醇回甘。铁铺镇产区研制的铁铺白叶单丛茶,香气具有清香持久,微带花蜜香,茶味醇厚回甘,口齿有余香之特色。兴宁市生产的白叶单丛茶,蜜香浓郁,滋味浓醇,爽口宜人。

(4)广东色种　主要有大叶奇兰茶、黄旦、梅占茶、金萱茶等。

### 4. 台湾乌龙茶

台湾乌龙茶主要产自我国台湾的台北、桃园、新竹、苗栗、宜兰等地,分包种和乌龙两种。台湾茶园种面积约为24万亩,南投县是台湾茶叶主产地。

(1)文山包种　又名清茶,是台湾乌龙茶中发酵程度最轻的清香型乌龙茶,产于台北县的文山地区和台北市的南港、木栅等地。以新店、坪林、石碇、深坑、平溪等地所产的最负盛名。外形紧结呈条形状,墨绿油润;内质香气,清香持久,有自然花香;汤色蜜绿至蜜黄色,清澈明亮;滋味甘醇,鲜爽回味强。

(2)冻顶乌龙茶　产于台湾中部临近溪头风景区,海拔500～800 m的南投县、云林县、嘉义县等地。制造冻顶乌龙茶的品种以青心乌龙最优,台茶十二号(金萱)、台茶十三号(翠玉)等品质亦佳。外形条索自然,卷曲成半球形,紧结重实,白毫显露,色泽翠绿,鲜活有光泽;干茶具强烈芳香,冲泡后清香明显,带自然花香或果香;汤色蜜黄至金黄,清澈而鲜亮,滋味醇厚甘润,回甘强;叶底嫩柔有芽。

(3) 高山乌龙茶　主要产地在台湾中南部嘉义县、南投县的高山茶区。加工台湾高山乌龙茶的茶树品种以青心乌龙为主,其次为台茶十二号及台茶十三号。加工工序与冻顶乌龙相似,区别是发酵较轻,仅10%~15%。因为高山地区气候较凉,早晚云雾笼罩,平均日照短,以致茶树茶芽中所含的儿茶素类等苦涩成分含量较低,而茶氨酸及可溶性氮等对甘味有贡献的成分含量提高,且芽叶柔软,叶肉厚,果胶质含量高。因此,高山乌龙茶具有色泽翠绿鲜活、滋味醇厚顺滑、回甘快、香气淡雅、水色蜜绿及耐冲泡等特点。

台湾饮茶人士所惯称的高山乌龙茶,是指在海拔1000 m以上茶园所产制的乌龙茶。主要产地为台湾中南部嘉义县、南投县内海拔1000~1500 m的高山茶区。台湾高山乌龙茶主要的花色有嘉义县的梅山乌龙茶、竹崎高山茶、阿里山珠露茶、阿里山乌龙茶,南投县的杉林溪高山茶、雾社卢山高山茶、玉山乌龙茶,台中县的梨山高山茶、武陵高山茶等。

(4) 金萱茶　分布于台湾各产茶地区,尤以南投、竹山、嘉义县阿里山、信义所产高山金萱茶最负盛名。金萱茶是以台茶十二号品种名称命名的茶。外观紧结重实呈半球形,色泽翠绿,汤色金黄亮丽;滋味甘醇,香气浓郁,具有独特的奶香。由于品质优异,香味独特,深受欢迎。种植面积在台湾茶园中居于第二位,仅次于青心乌龙。

(5) 白毫乌龙　又名香槟乌龙、东方美人、膨风茶,为台湾乌龙茶中发酵程度最重的一种,主要产于台湾的新竹县峨眉、北埔、横山、竹东及苗栗县。制作白毫乌龙的品种主要是青心大冇和金萱品种,采摘的鲜叶是经小绿叶蝉吸食过的茶树嫩芽,一芽一叶至两叶。加工工序为日光萎凋、室内静置及做青、杀青、包揉、发酵(发酵程度为50%~60%)、干燥,使茶叶产生独特的蜂蜜香或熟果香。芽尖带白毫越多越高级,所以又称为白毫乌龙。外观条索紧结,白毫显露,枝叶连理,白、绿、红、黄、褐相间,形如花朵为特色;汤色呈琥珀色,具熟果香、蜜糖香,滋味醇厚甘滑;叶底淡褐有红边,芽叶成朵。

## 知识链接

### 云南青茶

云南腾冲位于滇西南,与缅甸接壤,通往泰国、新加坡、印度、孟加拉国等国,是有名的古丝绸之路和茶马古道中的一站,被徐霞客誉为极边第一城。2004年,腾冲从台湾引种乌龙茶良种青心乌龙种植成功,现今规模已达3.1万亩。该茶外形肥壮圆结,色泽乌绿,内质香气果香蜜香;茶汤碧绿明亮,滋味清醇回甘;叶底肥厚柔韧。

# 任务 5　红　　茶

**学习目标**

1. 了解红茶的产生与发展。
2. 熟练掌握红茶的品质特征和制作工艺。
3. 熟悉红茶的分类。
4. 掌握红茶的代表茗茶。

**任务描述**

全球红茶的生产和消费地区分布不一致,印度、肯尼亚、斯里兰卡是最主要的红茶生产出口国,占全球红茶总量的60%,而美国、俄罗斯、英国等国家则是全球主要的消费国家。国内的红茶消费市场以工夫红茶为主。本任务详细观察代表性茶样,了解不同红茶的外形特点,以及制作工艺、茶品品质特点,在具体的茶事服务中,能讲好红茶,品鉴好红茶。

**任务分析**

本次任务的学习重点是红茶的品质特征和代表茗茶;学习难点是红茶的制作工艺,以及从茶叶的外形、香气、滋味等方面正确区分不同种类的红茶。

**任务实施**

本任务的学习流程是:理论学习红茶的制作工艺—红茶的分类—红茶的代表茗茶—红茶的识别。

## 一、红茶的产生与发展

红茶始于16世纪初期,最早产于福建武夷山市,后传入闽北诸县、江西修水、安徽祁门和湖北宜昌等地,是全球茶叶消费量和贸易量最大的茶类。

饮 品 制 作

1610年，小种红茶首次出口荷兰，接着陆续运销英、德、法等欧洲国家，开启了红茶风靡世界之旅。18世纪，随着红茶生产规模扩大以及红茶价格日趋低廉，红茶消费人群由皇室逐渐走向民众，成为英国、荷兰等国人民生活中不可或缺的饮品。

18世纪中叶，我国在小种红茶生产技术的基础上，创制出了加工更为精细的工夫红茶，使得红茶的生产和贸易达到了前所未有的鼎盛时期，在世界红茶产销舞台独领风骚。

20世纪初期，红碎茶逐渐取代工夫红茶，成为国际茶叶市场主销产品，随着红茶制造机械的发展，CTC红碎茶所占的生产比例不断增加，传统工艺生产的红碎茶和工夫红茶在世界红茶消费市场占比也不断下降。

我国目前红茶生产以工夫红茶为主。小种红茶数量较少，红碎茶的产销量随国际红茶市场的需求不断变化，但总体产量一致。国内生产的红碎茶以中低档茶为主，成本较高。在国际红茶市场上竞争力不足。内销市场以工夫红茶为主，历史悠久的工夫红茶如祁红、滇红等，有广阔的消费市场。

## 二、红茶的品质特征与制作工艺

红茶是全发酵茶，红汤、红叶是红茶品质的基本特征。红茶制法的基本工序为萎凋—揉捻（揉切）—发酵—干燥。

（1）萎凋　红茶初制的第一道工序，也是形成红茶品质的基本工序。鲜叶在常温或在适度加温下长时间交替放置，鲜叶摊放的厚度随着萎凋的进行由薄变厚。萎凋过程既有水分散失的物理变化，也有化学变化，促进茶叶中大分子物质转化成简单小分子物质，也为揉捻打下基础，对茶叶色、香、味的品质形成都有重要的影响。

（2）揉捻（切）　工夫红茶和红碎茶塑造外形和形成内质的关键工序。红茶揉捻不仅仅是为了做形，更是为下一步发酵做准备。工夫红茶要求外形条索紧结美观，内质滋味醇厚，这取决于揉捻时叶片卷紧程度和细胞组织破坏程度。如果揉捻不充分，细胞内膜损伤少，多酚氧化酶与多酚类等物质无法充分接触，将导致发酵不足。

（3）发酵　红茶加工中最重要的工艺步骤，也是形成红茶特优品质的关键。红茶发酵与食品加工中的微生物发酵并非一个概念。红茶发酵始于揉捻开始阶段，是以酶促氧化和聚合反应为主线的一系列化学反应过程。发酵过程中，茶叶内多酚类物质在多酚氧化酶、过氧化酶等作用下发生酶促氧化聚合反应，叶色逐渐由绿→绿黄→黄→黄红→红等依次转变，生成茶黄素、茶红素、茶褐素等物质，同时伴随着氨基酸、可溶性糖增加等一系列化学反应，为滋味和汤色品质形成奠定基础。发酵是红茶形成红汤、红叶特征的重要工序。同时，挥发性化合物的转化促进青臭味散失，使得甜香、花果香显现。

茶黄素是决定红茶汤色亮度和鲜爽度的主要成分，优质红茶茶汤有明显的金圈。茶红素是红茶茶汤呈红色的主要原因，与茶汤浓度有关。当茶汤温度下降至16℃左右时，茶汤中的茶黄素、茶红素与咖啡碱结合产生的络合产物即为冷后浑。红茶茶汤冷却后形成的棕色乳浊状凝体，多见于优质大叶类茶及红碎茶。

（4）干燥　最后一道决定品质的工序。红茶干燥是为了及时制止发酵，固定品质。但在高干燥前期，多酚类氧化还在进行，为了及时制止氧化反应，将干燥分毛火和足火两个阶段，毛火高温短时，足火低温长时，毛火抑制大量氧化反应，足火固定最终品质。

## 三、红茶的分类

因红茶干茶色泽偏深,红中带乌黑,所以英语中称红茶为"black tea"。

根据加工工艺和品质特征不同,红茶可分为小种红茶、工夫红茶和红碎茶。

① 小种红茶:萎凋—揉捻—发酵—过红锅—复柔—烟焙。

② 工夫红茶:萎凋—揉捻—发酵—烘干。

③ 红碎茶:萎凋—揉切—发酵—烘干。

(1) 小种红茶　可以分为正山小种、外山小种和烟小种,正山小种品质优异。正山小种意为"高山地所产",主产地位于武夷山星村镇桐木村一带,外形条索紧结,其色泽乌黑;内质汤色红明,呈深琥珀色,滋味甘醇,具有天然的桂圆味及特有的松烟香。18世纪中叶至19世纪中叶,随着出口贸易的发展,需求量增多,小种红茶的工艺做了一些改变,在干燥时不经过熏焙。

(2) 工夫红茶　因在初制时揉捻工艺要求条索完整以及精制时精工细作而得名,普遍具有原料细嫩,外形条索紧结、匀齐,色泽乌润,内质汤色红亮,香气馥郁,滋味甜醇,叶底明亮等品质特征。工夫红茶品种多,产地广。著名的工夫红茶有安徽的祁红、云南的滇红、福建的闽红、江西的宁红、湖北的宜红、广东的英红、湖南的湖红、四川的川红和浙江的越红。随着工夫红茶越来越受市场的青睐,有多个产茶区创制新的工夫红茶,如贵州的遵义红和河南的信阳红等。

(3) 红碎茶　在初制过程中,叶片被揉切,芽叶不完整,进一步促进了多酚类物质的氧化,形成了浓、强、鲜的风味特征。红碎茶根据外形可分为叶茶、碎茶、片茶和末茶4种。品质风格也不同,叶茶是带有金黄茶毫的短条形红茶;碎茶外形较叶茶细小,呈颗粒状或长粒状,是红碎茶的主要产品;片茶是小片型红茶,质地较轻,末茶外形呈沙粒状,滋味浓强,因其冲泡容易,是袋泡茶的好原料。红碎茶是外销茶类,适应国际市场不同地区消费者的需求。在印度、斯里兰卡、肯尼亚、孟加拉国和印度尼西亚等国家也有大规模生产,适合加牛奶、糖调饮。红碎茶的外形颗粒重实匀齐,色泽乌润;内质汤色红艳,香气馥郁,滋味浓强鲜爽;叶底红匀。

## 四、红茶的代表性茗茶

(1) 正山小种　福建武夷山桐木关的正山小种是世界红茶的鼻祖,创建于1568年。自15~16世纪开始就成为葡萄牙、荷兰、英国王室御用珍品,被誉为茶中皇后。

正山小种红茶的加工工艺独特,包括鲜叶萎凋、揉捻、发酵、过红锅、复揉、熏焙6道工序。其品质特点为外形条索肥实,色泽乌润;汤色红浓,香气高长带松烟香,滋味醇厚,带有桂圆汤味,茶汤甘醇,常用"松烟香桂圆汤"来形容。正山小种的干燥用松柴明火烘干,所以茶汤中有独特的松烟香味。

2005年在正山小种红茶传统工艺基础上创制金骏眉,是正山小种红茶创新工艺的高端红茶。

(2) 祁门红茶　原产于安徽祁门,创制于1876年,是我国传统工夫红茶的珍品。采自祁门当地的茶树品种槠叶种(也称祁门种),属于中叶类茶。祁门红茶外形条索细秀而稍弯曲,有苗锋,金黄芽毫显露,色泽乌润;香气似花、似果、似蜜,持久不散;汤色红亮,滋味鲜醇带甜;叶底红匀明亮。清饮可以领略祁门红茶的特殊香味,加奶、加糖调饮风味别具一格。

祁门红茶在世界红茶消费市场深受消费者的喜爱,有"祁门香,群芳最"的说法,被公认为高档红茶,和印度大吉岭、斯里兰卡乌瓦红茶并称为世界三大高香红茶。

(3) 九曲红梅　主产于浙江省杭州西部周浦乡灵山一带,以湖埠所产品质最佳。九曲红梅曾是西湖博览会的十大茗茶之一。制茶工艺源自武夷山九曲的细条红茶,外形弯曲简洁、细秀如钩,色泽乌润显毫,香气馥郁,兰花香显;汤色红艳鲜亮,滋味鲜爽。其汤色和香气清如红梅,故得名九曲红梅。

(4) 宁红工夫　产自江西省修水(古称宁州)、武宁、铜鼓县。始于清代道光年间(1821~1850年),约于19世纪中叶开始生产。《修水县志》记载,清光绪时期红茶年产量已达20万担(1万吨),修水成为我国当时红茶生产的主要产区和红茶出口的重要基地。宁红以其独特的风格、优良的品质驰名中外。外形条索紧结圆直,有红筋,色泽灰而带红;内质香高持久,汤色红亮,滋味醇厚甜和;叶底红匀。高级宁红金毫条索紧细秀丽,金毫显露,色乌润,香味鲜嫩醇爽,汤色红艳,叶底红嫩多芽。

(5) 滇红工夫　以云南大叶种为原料制作的大叶种工夫红茶,1938年由中国茶叶贸易股份有限公司派冯绍裘、范和钧等,到顺宁(今凤庆)试制成功。现主产于云南省临沧市、普洱市、西双版纳州、保山市,以临沧凤庆县、保山昌宁县最具代表性。用大叶种茶树鲜叶制成,属大叶种类型的工夫茶。外形条索肥硕紧结重实,干茶色泽乌褐油润,金毫显露;内质汤色红艳明亮,香气甜香浓郁,馥郁高长;滋味浓厚鲜爽,富有刺激性;叶底肥厚,红匀亮。优质滇红杯子边缘会有一道金圈,茶汤会出现冷后浑现象。

1958年,滇红被指定为外交礼品;1986年,凤庆茶厂生产的滇红工夫茶金芽珍品作为国礼馈赠到访的英国伊丽莎白女王;2014年11月,凤庆滇红茶制作技艺列入国务院第四批国家级非物质文化遗产名录,并授予中国地理标志商标。20世纪末,滇红工夫仍主销俄罗斯及东欧。加入牛奶和糖制成的奶茶风味独特,受到广大消费者的喜爱。

(6) 英德红茶　也称英红、粤红工夫,是大叶种工夫红茶的代表之一,产于广东省英德市,故名英德红茶。英德红茶创建于1959年,在20世纪80年代成为我国知名的红茶品牌,在德国、英国、美国、波兰、苏丹、澳大利亚等70多个国家地区畅销。英德红茶条索肥嫩紧结,色泽乌润显金毫;香气浓郁,汤色红艳,滋味浓醇;饮后甘美神怡,清鲜可口。加奶、糖调饮之后,色香味俱佳。

(7) 闽红工夫　分白琳工夫、坦洋工夫和政和工夫3种。白琳工夫外形条索细长弯曲,多白毫,色泽黄黑;内质香气鲜醇有毫香,汤色浅亮,滋味清鲜甜和,叶底红中带黄。坦洋工夫外形条索细紧匀整带白毫,色泽乌黑有光;内质香气鲜甜,茶汤呈金黄色,滋味清鲜甜和;叶底红匀。政和工夫分成大茶和小茶。大茶用政和大白茶制成,条索紧结肥壮多毫,色泽乌润;内质香气高而鲜甜,汤色红浓,滋味浓厚,叶底肥壮尚红。小茶用小叶种制成,外形条索细紧,内质香气像祁红,但欠持久,滋味醇和,汤色稍浅,叶底红匀。

(8) 川红工夫　产自四川宜宾等地,创制于20世纪50年代,是我国高品质工夫红茶的后起之秀,以色、香、味、形俱佳而畅销国际市场。外形条索紧结壮实美观,有锋苗多毫,色泽乌润;内质香气鲜而带橘子香,汤色红亮,滋味鲜醇爽口;叶底红明匀整。

(9) 宜红工夫 产自湖北宜昌恩施地区。宜红茶问世于 19 世纪中叶,至今已有 100 余年的历史。外形条索细紧有毫,色泽乌润;内质香气甜醇似祁红,汤色红亮,滋味尚鲜醇,叶底红亮。茶汤冷却后有冷后浑现象,是我国高品质的工夫红茶之一。

(10) CTC 红碎茶 也叫切细红茶(crush、tear、carl),是目前国际茶叶市场的主销品种。占世界红茶产量总量的 95% 以上。因揉切方式不同,分为传统红碎茶、CTC 红碎茶、LTP(leaf、tendril、piece)红碎茶、转子红碎茶、不萎凋红碎茶。CTC 红碎茶是红碎茶的代表性茶品。根据碎茶的形状可分为条形、颗粒形、片末型红碎茶。CTC 红碎茶经过萎凋、CTC 揉切、发酵、干燥 4 道工序制成。因初制叶经过充分揉切,细胞破坏率高,有利于多酚类酶氧化和冲泡,形成香气高锐持久,滋味浓强鲜爽,加牛奶、加糖之后仍有较强的茶味品质特征。

# 任务6 黑 茶

学习目标

1. 了解黑茶的产生与发展。
2. 熟练掌握黑茶的品质特征和制作工艺。
3. 熟悉黑茶的分类。
4. 掌握黑茶的代表茗茶。

任务描述

详细观察黑茶代表茶样,了解不同黑茶的外形特点,以及制作工艺及其品质特点,掌握黑茶的历史及基本知识。

任务分析

本次任务的学习重点是黑茶的品质特征和代表茗茶;学习难点是黑茶的制作工艺,以及从茶叶的外形、香气、滋味等方面正确区分不同种类的黑茶。

任务实施

黑茶是我国特有的茶类之一,也是边疆少数民族日常生活中不可缺少的饮品。藏区谚云:"汉人饭饱肚,藏人水饱肚"。本任务的学习流程是:理论学习黑茶的制作工艺—黑茶的分类—黑茶的代表茗茶—黑茶的识别。

## 一、黑茶的产生与发展

由于长时间的烘焙干燥和长时间的非完全密封运输贮存,湿热氧化作用导致早期的蒸青团饼绿茶由绿色变褐色,成为黑茶的原始雏形。北宋熙宁年间,四川采用绿毛茶做色变黑,蒸压成型,形成乌茶,与西北交换马匹。明代嘉靖三年(1524年),御史陈讲记载了黑茶的生产:"商茶低伪,悉征黑茶……每十斤蒸晒一篦,送至茶司,官商对分。官茶易马,商茶给卖。"当时湖南安化采用绿茶湿坯堆积渥堆、松柴明火干燥法制作,使干茶色泽变黑变褐,故名黑茶。安化黑茶多运输边区以交换马匹,巩固中原的政治和军事力量。这种"以茶易马""以茶治边"的制度,自唐朝至清朝,成为中原统治阶级治理边区的一大重大政治谋略。

## 二、黑茶的品质特征和制作工艺

### 1. 黑茶的初制工艺

黑茶是由黑毛茶经渥堆干燥形成的成品茶。要求原料成熟度相对较高,比大宗红茶、绿茶粗老一些。一般而言,黑毛茶一级的嫩度相当于工夫红茶三级的嫩度。黑茶初制加工时,在杀青、揉捻工序后,有一道特殊的渥堆工序,茶叶中的黄酮类、多酚类、生物碱类等具有刺激性、收敛性的物质发生了深度的氧化、聚合、水解,造就了黑茶味醇而爽、味厚而不涩的品质特征。香气一般纯正无粗青,依茶叶品种不同,还具有陈香、菌花香、槟榔香等特殊香味;汤色橙黄或橙红,叶底相对粗老。

黑茶产区分布较广,在生产工艺上也有所不同。黑茶的加工分为两个阶段,一是黑毛茶的加工,二是黑茶成品茶的加工。黑茶的基本初制工艺流程为:

① 干燥前渥堆:杀青—揉捻—渥堆—干燥。

② 干燥后渥堆:杀青—揉捻—干燥—渥堆—干燥。

渥堆是黑茶加工独有的工艺,也是形成黑茶品质特征的关键工艺。渥堆工艺原理主要有湿热作用和微生物参与反应。将毛茶堆放成一定高度(通常在 70 cm 左右)后洒水,上覆麻布,使之在湿热作用下发酵 24 h 左右,待茶叶转化到一定的程度后,再摊开来晾干。有的采用毛茶干坯渥堆,如湖北老青砖茶和四川边茶;有的采用毛茶湿坯渥堆,如湖南黑茶和广西六堡茶;有的采用晒青毛茶后发酵,如云南普洱茶(熟茶)。

普洱茶(熟茶)加工属于干燥后渥堆工艺,其渥堆时间长达数十天,在其渥堆后期有微生物参与反应,促进了普洱茶(熟茶)品质风味的形成。渥堆工艺过程是茶叶经过长时间高温、高湿的堆放处理,以多酚类非酶促氧化为主,单糖和氨基酸含量增加,同时也有微生物参与,促进内含物发生一系列复杂的化学变化,并产生一些有色物质。所以在渥堆过程中要保障氧气供应,不能渥堆过紧。需要适时翻堆,以防茶叶酸馊变质。

### 2. 黑茶的主要品质

黑毛茶可用于再加工,生产成外形和包装各异的再加工茶紧压茶,如压制成砖茶、沱茶、紧压包装的篓装茶、花卷茶等。各个黑茶产区的产品工艺也有所不同,也可根据黑茶产区将黑茶分为湖南黑茶、云南普洱熟茶、四川边茶、湖北老青茶和广西六堡茶等。

黑茶的加工流程为:

(1) 云南普洱茶(熟茶)　杀青—揉捻—晒干—渥堆—干燥—筛分。(可用于包装或蒸压后包装的再加工)

(2) 四川边茶　杀青—揉捻—初烘—渥堆—复烘—揉捻—足烘—发水—堆放—揉捻—干燥。(可用于包装或蒸压后包装的再加工)

(3) 湖北老青砖　杀青—揉捻—初晒—复炒—复揉—渥堆—干燥。(可用于包装或蒸压后包装的再加工)

(4) 广西六堡茶　杀青—揉捻—渥堆—复揉—干燥—拣剔—存放。（可用于包装或蒸压后包装的再加工）

(5) 湖南黑茶　杀青—揉捻—渥堆—复揉—干燥—拣剔—存放—包装或蒸压后包装。（制成茯砖茶需发花工艺）

### 三、黑茶的分类

我国黑茶种类较多，加工技术不同，品质不一。按照生产地域分类，具有代表性的有湖南的天尖、贡尖、生尖，以及黑砖、花砖、茯砖茶、花卷（三尖三砖一花卷）；四川的康砖、芽细、金尖、茯砖、方包茶；云南的普洱茶、普洱方砖茶、普洱陀茶、七子饼茶；湖北的赵李桥青砖茶；陕西的泾阳茯茶；广西的六堡茶等。

### 四、黑茶的代表性茗茶

#### 1. 云南黑茶

主要是普洱茶，有着悠久的历史。东晋的《华阳国志·巴志》中记载：公元前1066年，周武王伐纣，得到西南濮国等8个小国的支持，献给武王的贡品是丹漆、茶、蜜，濮人是普洱府最早的原住民，是佤族、布朗族的祖先。由此看来，普洱府产茶的历史可追溯到3 000多年前。文学记载最初提到普洱茶名称是明朝谢肇淛（1620年）的《滇略》（卷三）："士庶所用，皆普茶也，蒸而成团。"《本草纲目拾遗》写到："出云南普洱府。"普洱府即现在的普洱市，周围各地所产茶叶运至普洱府集中，再运销康藏各地，普洱茶因此得名。

到20世纪70年代初，为了满足消费者的需求，云南茶叶公司组织力量研制成功普洱茶加工的后发酵工艺。1975年人工渥堆发酵技术在昆明茶厂试制成功。从此普洱茶从不可控的自然发酵走向可控的人工发酵，普洱茶产业也迎来了工业化发展。

《地理标志产品　普洱茶》（GB/T 22111—2008）规定，普洱茶是以地理标志保护范围内的云南大叶种晒青茶为原料，并在地理标志保护范围内采用特定的加工工艺制成。按其加工工艺及品质特征，普洱茶分为生茶和熟茶两种类型。

晒青茶的加工工艺为鲜叶摊放—杀青—揉捻—解块—日光干燥—包装。普洱茶（熟茶）散茶是指经过晒青茶后发酵、干燥、精制、包装后的产品。普洱茶（熟茶）紧压茶是普洱茶（熟茶）散茶经过蒸压成型后干燥和包装的产品。

普洱茶散茶分为特级、一～十级，共11个级别。普洱茶紧压茶形状多种，有碗臼型的普洱沱茶，长方砖茶、七子饼茶及小茶果、小茶饼等。

(1) 普洱散茶特征　普洱茶特级外形条索紧细显毫，匀整洁净，色泽红褐润；内质香气陈香浓郁，汤色红艳，滋味浓醇；叶底红褐柔软。普洱茶一级外形条索紧结有毫，匀整洁净，色泽红褐润；内质香气陈香显露，汤色红浓，滋味醇厚；叶底红褐较嫩。

(2) 普洱紧压茶特征

① 七子饼茶：圆饼形，周长为20 cm，中心厚度为2.5 cm，边口厚度为1 cm，重量为357 g。外形为圆形，端正匀称，松紧适度，不起层脱面，色泽红褐油润；内质陈香显露，汤色深红明亮，滋味醇厚滑润；叶底猪肝色明亮质软。

② 沱茶：碗臼型，边口周长为8.2 cm，厚度为4.2 cm，重量为100 g。外形端正匀称

显毫,松紧适度,色泽红褐油润;内质香气陈香纯润,汤色深红明亮;叶底红褐质软。

③普洱砖茶:长方形,长14 cm,宽9 cm,高3 cm,重量为250 g。外形砖面平整有毫,棱角分明,厚薄一致,松紧适度;色泽红褐尚润;内质香气陈纯,汤色红浓,滋味醇厚;叶底猪肝色较亮。

2. 湖南黑茶

茶经四川迅速向两湖区域传播,湖南公元前3世纪已经种茶和饮茶,境内的茶陵则最迟在西汉时因产茶而著名。茯砖茶原产陕西泾阳,叫泾阳砖。1953年安化砖茶厂试制成功,随后在湖南安化、益阳、桃江等地相继生产。湖南黑茶有散茶和紧压茶两大类。散装黑茶又称篓装黑茶,有天尖、贡尖、生尖3种。天尖由特级、一级黑毛茶加工而成,外形较紧实扁直,色泽较黑润;内质香气纯正或带松烟香,汤色橙黄,滋味醇厚,叶底黄褐尚软。贡尖由二级黑毛茶加工而成,品质较次。生尖由三级黑毛茶加工而成,品质较为粗老。

紧压黑茶按形状分为砖形和柱形两类。砖形主要有茯砖茶、黑砖茶、花砖茶。

(1) 茯砖茶　长方砖形,长35 cm,宽18.5 cm,高3.5 cm,重量为2 000 g。砖面平整,厚薄一致,松紧适度,金花普遍茂盛。砖面褐黑色(特制茯砖)或黄褐色(普通茯砖)。砖内无黑霉、白霉、青霉、红霉等杂菌;内质香气纯正或带松烟香,有菌花香,汤色橙黄,滋味醇和或纯和(普通茯砖);叶底黄褐较匀。发花是茯砖茶加工的独特工序,也是茯砖茶风味品质形成的关键工序,是在一定温湿度条件下,冠突散囊菌(俗称金花)大量生长繁殖,经物质代谢及分泌胞外酶的作用,形成茯砖茶独特的风味。

(2) 黑砖茶　长方砖形,长35 cm,宽18.5 cm,高4.5 cm,重量为2 000 g。砖面平整,模纹图案清晰,棱角分明,厚薄一致,色泽黑褐,无黑霉、白霉、青霉、红霉等杂菌;内质香气纯正或带松烟香,汤色橙黄,滋味醇和;叶底黄褐尚匀。

柱形主要有千两茶和百两茶(亦称花卷茶),为圆柱形,高155～165 cm,直径为23±3 cm。重量为36.25 kg,换算成老市斤即为千两而得名(1市斤等于16两)。也有饼形的千两茶,外形挺拔匀称,松紧适度,包裹严实不外露;内质香气纯正,汤色橙黄或橙红,滋味醇尚厚;叶底黄褐尚软。

3. 四川黑茶

即四川雅安藏茶。据《四川茶叶史》记载,光绪三十四年(1908年),为抗击英国侵略,抵制印茶入藏,川滇边务大臣赵尔丰兄弟共同主持,在雅安挂牌成立商办藏茶公司筹办处,"藏茶"之名从此诞生。雅安藏茶是在雅安市辖行政区域内,以一芽五叶以内的茶树新梢(或同等嫩度对夹叶)为原料,采用南路边茶的核心制作技艺,经杀青、揉捻、干燥、渥堆、精致、拼配、蒸压等特定工艺制成,具有褐叶红汤、陈醇回甘的独特品质。藏茶毛茶分为初制藏茶毛茶和复制藏茶毛茶。四川黑茶分南路边茶和西路边茶两种。

(1) 南路边茶　有康砖和金尖两个花色。

①康砖:圆角长方形,长17 cm,宽9 cm,高6 cm,重量为500 g。外形砖面平整紧实,洒面明显,色泽棕褐;内质香气纯正,汤色红褐尚明,滋味尚浓醇;叶底棕褐稍花。

②金尖:圆角长方形,长22 cm,宽9 cm,高2 cm,重量为2 500 g。外形紧实无脱层,色泽棕褐,无青霉、黄霉;内质香气纯正,汤色黄红,滋味纯和;叶底暗褐粗老。

(2) 西路边茶　分为茯砖和方包两种。

① 茯砖:砖形完整,松紧适度,黄褐显金花;内质香气纯正,汤色红亮,滋味纯和;叶底棕褐。

② 方包:篾包方正,四角紧实,色泽黄褐;老茶香气纯正,汤色红黄,滋味平和带粗;叶底黄褐多梗。

### 4. 湖北青砖茶

青砖茶又称老青砖,主要产于湖北赤壁市蒲圻之羊楼洞等地,地处湘鄂交界地带,境内气候湿润,且多黄色沙壤土,适合茶树栽培,产茶丰富,故为青砖茶之制造中心。青砖茶深受蒙古族喜爱,使用青砖茶或黑砖茶作为熬制咸奶茶的原料。

青砖茶的制作工序大致分为初制毛茶、复制包茶和精制砖茶3部分。以老青茶为主要原料,经过蒸汽压制定型、干燥、成品包装等工艺过程制成。品质特征为外形砖面光滑,棱角整齐,紧结平整,色泽青褐,压印纹理清晰;砖内无霉菌,内质香气纯正,滋味醇和;汤色橙红,叶底暗褐粗老。

### 5. 广西六堡茶

广西六堡茶散茶因原产于广西苍梧县六堡乡而得名。六堡茶的品质素以红、浓、陈、醇的风味特征闻名,除内销广东、广西、香港、澳门外,在东南亚市场大受青睐。传统六堡茶品质特征为外形条索粗壮,色泽黑褐油润;内质汤色红浓明亮,香气纯正或带有槟榔香味,滋味醇厚;叶底红褐柔软。近年亦有各种砖形或圆饼六堡茶问世。

### 6. 陕西泾阳茯茶

茯砖的发花工艺创建于陕西泾阳。茯茶起初是散茶,为了便于运输,逐步把散茶制成茶砖,俗称咸阳茯砖茶。茯砖茶定型于明洪武年元年(1368年)前后。当时咸阳茯砖茶除销往西域各地外,更远销至波斯等40余个国家。具有"消腥肉之腻,解青稞之热"的功效,被誉为古丝绸之路上的"神秘之茶""生命之茶"。2006年起,老茶工们不断搜集制茶历史资料,在陕西省政府和省供销社的支持下,恢复了具有600多年历史的生产制作工艺。2020年,"茯茶制作工艺"被列为陕西省非物质文化遗产名录。茶体紧结,色泽黑褐油润,金花茂盛;清香持久,陈香显露;汤色清澈、红浓;醇厚回甘绵滑。

# 模块二 茶与调饮茶

## 项目三 泡茶方法

素养目标

1. 能针对不同茶类选用合适的冲泡方法,知道应该做哪些准备,熟悉茶艺比赛中规定茶艺部分。
2. 培养习茶礼,习茶者发自内心的尊敬贯穿于习茶全过程。
3. 培养敬畏之心,习茶者熟悉运用茶礼潜移默化地培养品茗者;在约定、无言、默契中,以茶为载体,表达对人、对地、对天、对万物的尊重。

"同样的茶,同样的水和器,为什么别人泡的比我好喝?""泡茶要不要洗茶?""泡不同的茶应该选用什么器具?""泡茶时应该注意哪些礼仪"

泡茶时应该遵守习茶礼,习茶礼的核心是敬。习茶人把敬字"大写",放在心中。心有德,对人、对自然有敬意,有敬畏之心。习茶礼的组合可以形成不同习茶礼仪。鞠躬礼、伸掌礼、鞠躬礼的组合,或作揖、伸掌礼、作揖的组合,分别称为奉前礼、奉中礼、奉后礼,组成完整的奉茶仪式。品茗者接受茶后,要回礼,称为答谢礼。

茶艺技能比赛一般分为规定茶艺、自创茶艺、茶汤质量比拼等。在本项目中,练习规定茶艺,包括不同茶类、器具的冲泡方法。

# 任务1 玻璃杯冲泡

**学习目标**

1. 掌握不同嫩度绿茶的投茶方法。
2. 熟练掌握绿茶玻璃杯下投法冲泡技能。

**任务描述**

绿茶是我国消费量最大、品种最多的茶类。采用玻璃杯冲泡形色俱佳的绿茶,可以更直观欣赏冲泡绿茶时的整个过程。看着茶叶慢慢舒展开来,茶香从玻璃杯中溢出,是盖碗和壶不能带来的视觉享受。为了更好地发挥出绿茶的口感,冲泡时采用不同的注水、投放茶叶等投茶方法。现需要你根据不同的绿茶品质特征选择不同的投茶方式,并掌握玻璃杯冲泡技术,冲泡出口感鲜爽的绿茶。

**任务分析**

因绿茶不经发酵,在色、香、味上,讲求嫩绿、清香、醇厚鲜爽,冲泡时略有偏差,易使茶叶泡老闷熟,茶汤黯淡,香气钝浊。所以绿茶的冲泡看似简单,其实极考工夫,在冲泡时要求重点掌握并应用绿茶的冲泡三要素和投茶方式。绿茶玻璃杯冲泡流程需要重点训练的手法是翻杯、提壶、温杯、浸润泡等环节;难点是凤凰三点头注水手法。

**任务准备**

每组取如下茶具,归还时做好记录。若有损坏,第一时间向茶具保管负责人报备。

| 名称 | 数量 | 已取 | 已还 | 名称 | 数量 | 已取 | 已还 |
| --- | --- | --- | --- | --- | --- | --- | --- |
| 茶盘 | 1 | | | 大口径玻璃杯 | 3 | | |
| 茶匙组合 | 1 | | | 透明杯垫 | 3 | | |
| 茶叶罐 | 1 | | | 水盂 | 1 | | |
| 茶巾 | 1 | | | 水壶 | 1 | | |
| 茶荷 | 1 | | | 绿茶 | 2~4 g | | |

**任务实施**

绿茶玻璃杯下投法的冲泡流程是：备具—备茶—备水—上场—放盘—行鞠躬礼—入座—行注目礼—布具—翻杯—注水—温杯—弃水—取茶—赏茶—置茶—润茶—摇香—冲泡—奉茶—收具—行鞠躬礼—收杯谢客。

**步骤1：冲泡前检查与准备茶具** 检查水壶中的水量是否达到最高水线，是否是沸水，茶叶罐中茶叶量是否按照茶水比1∶50的要求准备。茶具准备需要按照如图1-1所示摆放正确，茶盘放于茶艺师身体正前方。

**知识链接**

绿茶冲泡三要素是保证绿茶口感适中的重点：
(1) 投茶量（茶水比） 1∶50；
(2) 水温 名优绿茶为75~85℃，普通绿茶80~90℃，老叶绿茶沸水冲泡；
(3) 冲泡时间 头泡30~50 s，杯中剩有1/3茶汤时续水。

**步骤2：上场** 如图1-2所示，端盘上场，右脚开步，目光平视，身体为站姿、放松、舒适，上手臂自然下垂，腋下空松，小手臂与肘平，茶盘高度以舒适为宜，与身体有半拳的距离。

图 1-1

图 1-2

**步骤3：放盘** 走至茶桌前直角转弯，右脚向右转90°，面对品茗者，身体为站姿，双手端盘,肩关节放松,双手臂自然下垂,双脚并拢,脚尖与凳子的前缘平,并紧靠凳子。

右蹲姿,右脚在左脚前交叉,身体中正,重心下移,双手向左推出茶盘,放于桌面中间位置。

双手、右脚同时收回,成站姿。

**步骤4:行鞠躬礼** 双手松开,贴着身体,划到大腿根部,头背呈一条直线,以腰为中心,身体前倾15°,停顿3s,身体带着手起身成站姿。

**步骤5:入座** 右入座,右脚向前一步,左脚并拢,左脚向左一步,右脚并拢,身体移动至凳子前,抚平裙子坐下。

**步骤6:行注目礼** 面带微笑,用目光与品茗者交流,意为"我准备好了,将为您泡一杯香茗,请耐心等待。"如图1-3所示。

图1-3

**步骤7:布具** 从右至左布置茶具,如图1-4所示。

(1)移水壶 先捧水壶,右手握提梁,左手虚护水壶,双手捧壶表恭敬,提起后沿弧线放于右侧茶盘旁。

(2)移茶荷 双手手心朝下,虎口成弧形,手心为空,握茶荷,从中间移至右侧,放于茶盘后。

(3)移茶巾 双手手心朝上,虎口成弧形,手心为空,托茶巾,从中间移至左侧,放于茶盘后。

(4)移茶罐 双手捧茶叶罐,沿弧形移至茶盘左侧前端,左手向前推,右手为虚。

(5)移水盂 双手捧水盂,沿弧线移至茶罐后稍靠近茶盘,与茶罐呈一条斜线。

**步骤8:翻杯** 从右向左顺序为1号杯、2号杯、3号杯。如图1-5所示,右手手腕放松,五指并拢,握住杯底,护住杯身,中指不超过杯身的1/2,肘关节下坠,不外翻。左手托住杯底,手心相对。双手护杯,身体中正,头不偏,双肩放松平衡。右手手腕向左转动,顺势翻正茶杯,放回。

图1-4

图1-5

**步骤9：注水** 右手提水壶,先沿弧线收回至胸前,调整壶嘴方向,往第一个杯中逆时针注水至杯子的1/3处;手腕转动调整壶嘴方向,再向第二个逆时针注水至杯子1/3处,如图1-6所示;腰带着身体向左转,往第三个杯子注水。

**步骤10：温杯** 双手捧起第一个玻璃杯,右手中指与大拇指握住玻璃杯底部,其余手指虚握成弧形,左手五指并拢,中指尖为支撑点,顶住杯底部,双手握杯,如图1-7所示;两手臂放松成弧形,如抱球状,身体中正,头不偏,双肩平,放松,神情专注。

图1-6

图1-7

右手手腕转动,杯口先向自己身体方向侧斜,水倾至杯口;眼睛看着杯口,右手手腕转动,杯口从右侧向前转,水在杯内均匀滚动;眼睛不离开杯口,右手手腕转动,杯口向左转,再回正。

水沿着杯口转360°;身体中正,头不偏,双肩平。

**步骤11：弃水**

(1) 双手捧杯,移至水盂上方,左手换方向,托住玻璃杯。

(2) 左手不动,右手手腕转动,杯口向下倾斜45°,缓缓往外推杯,水流入水盂中,如图1-8所示。

(3) 右手手腕快速回转,收回。

(4) 在茶巾上压一下,吸干杯底的水,放回原处。

**步骤 12：取茶**

（1）双手捧茶罐，捧在胸前，双手拇指按住茶叶罐的盖子，用拇指推开盖子，再旋转推开。左手拿茶罐，右手把盖子放在茶盘右下侧，如图 1-9 所示。

图 1-8

图 1-9

（2）右手拿茶匙把茶叶拨出，茶匙搁于茶巾上，茶匙头部伸出。茶叶罐合盖放回原处。

**步骤 13：赏茶**

（1）右手手心朝下，四指并拢，虎口成弧形，握茶荷；左手握茶荷，成双手握茶荷。左手下滑托住茶荷，右手下滑托住茶荷，双手托着茶荷状，如图 1-10 所示。

（2）赏茶，手臂成放松的弧形，腰带着身体从右转至左。目光与品茗者交流。

**步骤 14：置茶**

（1）右手取茶匙，置茶，茶荷与杯成 45°，让茶入杯，如图 1-11 所示。

图 1-10

图 1-11

（2）同样方法置茶于 2 号杯和 3 号杯。

（3）放茶匙于茶荷上，托茶荷的左手掌心为空，持茶匙的右手虎口为圆形。

（4）右手握茶荷，左手从下往上滑，向下握茶荷，放回原处。

**步骤 15：润茶**　右手提水壶，转动手腕逆时针注水至 1/4 处，要求水柱均匀连贯，如图 1-12 所示。相同方法向 2 号杯、3 号杯注水，注水毕将水壶沿弧线放回原处。

**步骤 16：摇香**

（1）双手五指并拢，捧起玻璃杯至胸前。

(2) 双手虎口相对,双手中指与中指对接,中指与大拇指固定住杯底,其余手指自然弯曲,如图 1-13 所示;手臂自然成抱球状,身体中正,头不偏,双肩平衡。

图 1-12

图 1-13

(3) 手腕转动,杯口先向里侧转,向右侧转,向前向左侧转,向里转,缓慢摇一圈,再快速转动两圈,茶杯回正,摇香完成。

(4) 1 号杯放回原位。2 号杯、3 号杯方法相同。

**步骤 17:冲泡**　右手取水壶,从左至右依次向杯中注水。采用凤凰三点头技术,即高提水壶,让水直泻而下,接着利用手腕的力量,上下提拉注水,反复 3 次,让茶叶在水中翻动。注水至玻璃杯七分满,如图 1-14 所示,观察茶在水中的动态,缓慢舒展,茶人称其为茶舞。

凤凰三点头最重要在于轻提手腕,手肘与手腕平,便能使手腕柔软有余地。所谓水声三响三轻、水线三粗三细、水流三高三低、壶流三起三落,都是靠柔软手腕来完成。手腕柔软之中还需有控制力,才能达到同响同轻、同粗同细、同高同低、同起同落,而显示手法精到。最终结果才会看到每碗茶汤完全一致。凤凰三点头寓意三鞠躬,表达主人对客人有敬意善心,因此手法宜柔和,不宜刚烈。水注 3 次冲击茶汤,更多激发茶性,也是为了泡好茶。不能以表演或做作的心态去对待,才会心神合一,做到更佳。

**步骤 18:奉茶**

(1) 先端盘再起身。转身,右脚开步向品茗者前奉茶。端盘至品茗者前,行奉前礼,如图 1-15 所示。品茗者回礼。

图 1-14

图 1-15

(2) 换成左手托盘,右蹲姿,右手端杯及托,至品茗者伸手可及处。手掌伸直,请品茗者喝茶,品茗者回礼。起身,左脚向后退一步,右脚并上,行奉后礼。品茗者回礼。

(3) 转身移动盘内的品茗杯至均匀分布,移步到另一位品茗者正对面再奉茶。

**步骤 19:收具**　右手往后滑至茶盘右下角,双手放下茶盘入座。

从左至右收具,器具返回的轨迹为原路,最后移出的器具最先收回,并放回至茶盘原来的位置上。

(1) 收水盂　双手捧水盂至胸前放回原处。

(2) 收茶叶罐　双手捧茶叶罐至胸前放回原处。

(3) 收茶巾　收茶荷叠放于茶巾上。收水盂放于原位。

(4) 收茶荷　双手捧茶荷至胸前,放回原处。

(5) 收水壶　左手提水壶,右手为虚,放回原位,如图1-16所示。

**步骤 20:退场**　端盘起身,目光平视,身体为站姿、放松、舒适,上手臂自然下垂,腋下空松,小手臂与肘平,如图1-17所示。茶盘高度以舒适为宜,与身体有半拳的距离。左脚后退一步,右脚并上行鞠躬礼。右脚开步。直角转身退场。

图1-16

图1-17

## 知识链接

### 不同嫩度绿茶的投茶方式

依据绿茶原材料的老嫩程度和自身轻重等特点,有三种选择。

(1) 上投法　先在玻璃杯中注七分满的水,然后向杯中投放茶叶,如图1-18所示。这种方法适用于茶芽细嫩,紧细重实的茶叶,比如都匀毛尖和碧螺春等。茶芽避免水流激荡,自然与水浸润,茶汤细柔、爽口、甘甜。这种泡法还有一个好听的名字:落英缤纷。

图1-18

(2) 中投法　先在玻璃杯中注水三分,放入茶叶,轻轻摇晃使茶叶与水初步浸润。然后,再向杯中注满七分水,使茶叶被水充分浸润,如图1-19所示。这种方法适用于茶芽细嫩、叶张扁平或茸毫多而易浮水面的茶叶,如持嫩度高的湄潭翠芽、西湖龙井等。

图 1-19

(3) 下投法　先在杯中放入茶叶,注入少量足以浸润茶叶的水,轻轻摇晃使茶叶与水初步浸润。然后,再向杯中注满七分水使茶叶与水充分浸润,如图1-20。这种方法适用于茶叶嫩度不高、芽叶肥大的茶叶。一般来说,一叶一芽或者一叶一芽以上的茶叶都可以采用这种冲泡方式。

图 1-20

# 任务 2 盖碗冲泡

1. 掌握不同茶类的投茶方法。
2. 熟练掌握盖碗的冲泡技能。

 任务描述

中国人品茶讲究察色、闻香、观形和细品。用盖碗泡茶,便于观色闻香,且盖碗适合冲泡各种茶类,素有"万能茶具"之称。成熟的茶艺师可以在泡茶过程中人工控制香气、滋味、汤感之间的协调关系,可以用盖碗泡出无穷的变化。现需要你掌握六大茶类盖碗冲泡的三要素,并以红茶为练习重点,正确运用盖碗冲泡技能,冲泡出口感醇正的红茶茶汤。

最初用盖碗泡茶时,非常容易被茶汤烫到手指,有些人拿不稳盖碗,还容易打翻。因此,在冲泡练习时要注意注水量、拿盖碗的位置和拿盖碗的手势。盖碗冲泡技术需要重点牢记的是不同茶类的茶水比、冲泡水温和冲泡时间;难点是用完整的盖碗冲泡流程,针对不同的茶类灵活运用泡茶三要素,将不同茶类的口感特征冲泡出来。

每组取如下茶具,归还时做好记录。若有损坏,第一时间向茶具保管负责人报备。

| 名称 | 数量 | 已取 | 已还 | 名称 | 数量 | 已取 | 已还 |
| --- | --- | --- | --- | --- | --- | --- | --- |
| 茶盘 | 1 | | | 盖碗 | 1 | | |
| 公道杯 | 1 | | | 品茗杯 | 3 | | |

续表

| 名称 | 数量 | 已取 | 已还 | 名称 | 数量 | 已取 | 已还 |
|---|---|---|---|---|---|---|---|
| 茶叶罐 | 1 | | | 水盂 | 1 | | |
| 茶巾 | 1 | | | 水壶 | 1 | | |
| 茶荷 | 1 | | | 红茶 | 3～5 g | | |
| 杯托 | 3 | | | | | | |

## 任务实施

一杯好的茶汤,茶多酚、咖啡因、茶氨酸等物质比例协调,含量适当,滋味鲜醇,香气高扬。泡好一杯茶的评判标准:一是浓淡适宜,鲜醇爽口不苦涩,二是香气高扬,三是汤色亮不浑浊,四是芽叶不轻浮,五是每泡和每杯浓度一致。影响茶汤的因素中,茶、水、器是基础因素,茶水比、水温、浸泡时间是调控因素。

(1) 茶与水的比例　名优红茶、黄茶、绿茶 1∶(50～60)。大宗红茶、黄茶、绿茶 1∶75。白茶 1∶(20～30)。乌龙茶 1∶(20～30)。普洱茶 1∶(30～50)。碎茶 1∶(60～70)。

(2) 泡茶水温　高级细嫩的名茶,特别是高档名优绿茶,一般用 80～85 ℃ 的水冲泡,也可以用刚开或 60 ℃。大宗红茶、绿茶、花茶,用 90～95 ℃ 的开水冲泡,乌龙,普洱茶须用刚烧开的沸水冲泡。砖茶,制茶原料比较粗老的用沸水冲泡。黄茶用 80～90 ℃ 的水冲泡。白茶用 95～100 ℃ 的水冲泡。

(3) 冲泡时间　泡茶时间与浓度呈正相关,冲泡时间短,茶汤为淡,香气不足;冲泡时间长,茶汤太浓,汤色过深。

一般原料较细嫩、茶叶松散的冲泡时间可相对缩短;原料较粗老、茶叶紧实的冲泡时间可相对延长。以求达到茶汤浓度适宜和茶汤适饮。

**步骤 1:备具、备水**　3 个品茗杯倒扣在托盘上,形成"品"字形,放于茶盘中间,其余器具左右两边均匀分布。茶盘内右下角放水壶,右上角放水盂;茶荷叠于茶巾上,放于茶盘中间内侧;茶公道杯、盖碗、茶叶罐依次放于左侧。各器具在茶盘中均为固定位置,如图 2-1 所示。

检查水壶中的水量是否达到最高水线,是否是沸水。

**步骤 2:备茶**　以 120 ml 白瓷盖碗为例:

(1) 绿茶　用盖碗泡茶时,加入 3 g 的茶叶就够了。

(2) 红茶　放 5 g 茶叶即可。根据喝茶人的口味调节出汤时间。

(3) 乌龙茶　放得比较多,一般 8 g 左右。

(4) 白茶　不论是散茶还是紧压茶,同样为 5 g。

(5) 黑茶　不需要太多,5 g 左右即可,若是觉得口味淡,则增加投茶量。

(6) 黄茶　投茶量参考绿茶。

泡茶之前,要了解这款茶的外形、香气、滋味、产地等特征,能准确介绍茶的特点。通过择水选器与水温、茶水比、浸泡时间等参数的科学设计与调控,充分展示茶的色、香、味、形等性状,强调茶汤质量和泡茶过程美的结合。

**步骤3:上场**　端盘上场,右脚开步,目光平视,身体为站姿、放松、舒适,上臂自然下垂,腋下空松,小手臂与肘平,茶盘高度以舒适为宜,与身体有半拳的距离,如图2-2所示。

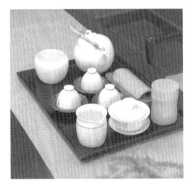
图2-1

图2-2

**步骤4:放盘**　走至茶桌前直角转弯,右脚向右转90°,面对品茗者,身体为站姿,双手端盘,肩关节放松,双手臂自然下垂,双脚并拢,脚尖与凳子的前缘平,并紧靠凳子。

右蹲姿,右脚在左脚前交叉,身体中正,重心下移,双手向左推出茶盘,放于桌面中间位置,如图2-3所示。

双手、右脚同时收回,成站姿。

**步骤5:行鞠躬礼**　双手松开,贴着身体,划到大腿根部,头背呈一条直线,以腰为中心,身体前倾15°,停顿3s,身体带着手起身成站姿,如图2-4所示。

图2-3

图2-4

**步骤6:入座**　左入座。左脚向前一步,右脚并拢,右脚向右一步,左脚并拢,身体移动至凳子前抚平裙子坐下。

**步骤7:布具**　从右至左布置茶具。

(1)移水壶　先捧水壶,右手握提梁,左手虚护水壶。双手捧壶表恭敬。提起后沿弧线放于右侧茶盘旁,如图2-5所示。

(2)移水盂　双手捧水盂,沿弧线移至水壶后稍靠近茶盘,与水壶呈斜线,如图2-6所示。

图2-5

图2-6

(3) 移茶荷　双手手心朝下,虎口成弧形,手心为空,握茶荷,从中间移至左侧,放于茶盘后。

(4) 移茶巾　双手手心朝上,虎口成弧形,手心为空,托茶巾,从中间移至右侧,放于茶盘后。

(5) 移茶罐　双手捧茶罐,沿弧形移至茶盘左侧前端,左手向前推,右手为虚。

(6) 移盖碗　双手端起盖碗碗托,移至茶盘右下角。

(7) 移公道杯　双手捧公道杯移至茶盘左下角,与盖碗、品茗杯在茶盘中形成一个大的"品"字形,如图2-7所示。

(8) 翻杯　次序为1号杯、2号杯、3号杯。

布具完成。茶盘右侧,水盂与水壶成斜线,左侧若有两个器具也要放成斜线,以便看到器具和动作。茶荷与茶巾放于茶盘后,以不超过茶盘长度为界。

**步骤8：行注目礼**　同任务1。

**步骤9：取茶**　双手捧茶罐开盖,双手拇指按住茶叶罐的盖子,用拇指推开盖子；右手把盖子放在茶盘右下侧；右手拿起茶荷,左手拿茶叶罐旋转,把茶叶倒出。茶叶罐放在茶盘左手下侧。

**步骤10：赏茶**

(1) 双手托茶荷,手臂成放松的弧形,腰带着身体从右转至左,如图2-8所示。

图2-7

图2-8

(2) 茶罐合上盖子,放回原处。

**步骤 11:温盖碗**

(1) 右手揭开碗盖,从里往右侧,沿弧线,插于碗托与碗身之间。

(2) 提壶注水至 1/3 碗,将壶放回原处。盖碗加盖。

(3) 转动手腕,逆时针温盖碗(后、右、前、左一圈回正),如图 2-9 所示。

**步骤 12:弃水**

(1) 温碗毕,左手托碗,右手持碗盖,碗左边留一条缝隙,弃水,如图 2-10 所示。

图 2-9

图 2-10

(2) 碗底在茶巾上压一下,以吸干碗底的水。放于原位。

**步骤 13:置茶**

(1) 揭开碗盖插于托和碗身之间。

(2) 置茶,茶荷与盖碗成 45°,让茶入盖碗,如图 2-11 所示。

(3) 右手置茶时,左手半握拳搁在茶桌上,与肩同宽(或用左手托右手,取决于个人习惯)。

(4) 茶荷扣下放回原处。

**步骤 14:润茶**

(1) 右手提水壶,转动手腕逆时针注水至 1/4 碗,如图 2-12 所示。

图 2-11

图 2-12

(2) 水壶沿弧线放回原处。加盖。

**步骤 15：摇香**　捧起盖碗摇香,慢速逆时针旋转一圈,快速旋转两圈,如图 2-13 所示,盖碗放回原位。

**步骤 16：冲泡**　右手开盖,把盖子插在托和盖碗之间,右手取水壶,定点冲泡至七分满。

**步骤 17：温公道杯**

(1) 往公道杯里注水至六分满。水壶放回原处,加盖碗盖。

(2) 温公道杯,逆时针旋转,如图 2-14 所示。

(3) 公道杯的水依次注入 1 号杯、2 号杯、3 号杯。

(4) 公道杯在茶巾上压一下,吸干底部的水放回原处。

图 2-13

图 2-14

**步骤 18：温杯**

(1) 逆时针温 1 号杯,弃水,如图 2-15 所示。杯底在茶巾上压一下,将 1 号杯放回原处。

(2) 温 2 号杯弃水,方法同上。

(3) 温 3 号杯弃水。

温杯的速度根据投茶量、水温而定,水温高、茶量多速度快,反之,速度宜慢,要灵活掌握。

(a)　　　　　　　　　　　　(b)

图 2-15

**步骤 19：沥汤**

(1) 右手移碗盖,盖碗左边留出一条缝隙,沥茶汤,如图 2-16 所示。

(2) 盖碗口垂直于公道杯口平面,茶汤沥干净后,盖碗放回原处。

**步骤 20：分汤**

(1) 端公道杯,压一下茶巾,吸干水渍。

(2) 依次低斟茶汤至 1、2、3 号品茗杯,至七分满,如图 2-17 所示。

(3) 公道杯压一下茶巾,放回原处。

图 2-16

图 2-17

**步骤 21：奉茶**

(1) 将盖碗放于茶盘左侧茶罐后,略靠近茶盘。

(2) 捧公道杯放于茶盘左侧盖碗后,与茶罐、盖碗呈斜线,如图 2-18 所示。

(3) 双手虎口成弧形握杯托,先往里移动,再往两边移,2 号杯移至茶盘左下角,3 号杯移至右下角。三个品茗杯形成"品"字形。

(4) 先端盘再起身,如图 2-19 所示。转身右脚开步向品茗者前奉茶。端盘至品茗者前,端盘行奉前礼,品茗者回礼,如图 2-20 所示。

图 2-18

图 2-19

(5) 换成左手托盘,右蹲姿,右手端杯及托,至品茗者伸手可及处。手掌伸直请品茗者喝茶,品茗者回礼,如图 2-20 和图 2-21 所示。起身,左脚向后退一步,右脚并上,行奉后礼,品茗者回礼。

图 2-20

图 2-21

(6) 移步到另一位品茗者正对面再奉茶。

**步骤 22:收具**

(1) 右手往后滑至茶盘右下角,双手放下茶盘入座。

(2) 从左至右收具,器具原路返回,最后移出的器具最先收回,并放回至茶盘原来的位置上。

(3) 收公道杯,双手捧公道杯至胸前,放回原处。

(4) 收盖碗,双手捧盖碗至胸前,放回原处。

(5) 收茶罐,双手捧茶罐至胸前,放回原处。

(6) 收茶巾,收茶荷叠放于茶巾上。收水盂放于原位。

(7) 收水壶,左手提水壶,右手为虚,放回原位。

**步骤 23:行鞠躬礼**　端茶盘起身行鞠躬礼。

**步骤 24:退回**　收回的茶具,放于茶盘上原来的位置,那是它们的"家"。

# 任务3　小壶双杯冲泡

### 学习目标

1. 掌握不同茶类的投茶方法。
2. 熟练掌握小壶的冲泡技能。

### 任务描述

小壶为深腹敛口的容器，保温性能好，加盖后聚香，茶叶香气不易挥发失散，汤中含香比碗、杯泡茶的要高。常用的陶壶有宜兴紫砂陶、广西钦州坭兴陶、云南建水紫陶等，陶质壶形态质朴，透气而不夺香，适合冲泡各种茶。瓷壶、银壶、锡壶等传热快，茶香清扬。

乌龙茶大多数用小壶或盖碗泡。小壶双杯是指一把小壶，几组品茗杯和闻香杯。小壶质地可以是陶、瓷、金属等，选用收口、深腹的壶以聚香；品茗杯以内壁白色为佳，便于观汤色；闻香杯为圆柱状，稍高、收口，用来闻香。

紫砂茶具与流程适合颗粒状乌龙茶的冲泡，如台湾的冻顶乌龙、安溪铁观音等。

修习型乌龙茶小壶双杯泡法的关键点是水温、投茶量和冲泡时间的控制。

（1）水温　颗粒状乌龙茶以刚煮开的开水冲泡，高温冲泡有利于茶香的挥发和茶叶内含物质的浸出。

（2）投茶量　160 ml 的小壶，投茶量 5 g 左右。用茶荷取茶法，可以事先称 5 g 茶，放入茶罐。

（3）冲泡时间　颗粒状的乌龙茶外形卷曲、紧实，吸水后茶叶才舒展，茶叶内含物质溶出所需的时间会比外形松散的茶略长。所以，第一泡从茶与水相遇时计时 30~45 s 出汤，第二泡时间缩短至 15~30 s，第三泡开始适当延长，需 30~45 s。

如上所述，投茶量与水温是两个不变的要素，只有时间是可变的要素。要调控茶汤的浓度就变得容易多了。若是发酵偏轻，有青气的颗粒状乌龙茶，第一泡出汤后，启盖留缝，以散发青气。

**特别说明**　在气温比较低的深秋、冬天或初春,茶汤温度容易下降,汤温低于体温时,口感偏凉。所以奉茶前,可以先把闻香杯扣在品茗杯上,以防汤温太低。动作、流程、茶汤三者密切关联,三者同样重要。初学者往往记得这个动作,忘了下一个动作,记着流程,又忘记了茶汤浓度的控制,其实这些都是一个初学者都会经历的过程。习茶是由身知到心知,再由心知到身知的过程。每一次练习,内心有所感悟,"有体贴别人的心了""内心更静了",这就是进步!

每组取如下茶具,归还时做好记录。若有损坏,第一时间向茶具保管负责人报备。

| 名称 | 数量 | 已取 | 已还 | 名称 | 数量 | 已取 | 已还 |
| --- | --- | --- | --- | --- | --- | --- | --- |
| 双层茶盘 | 1 | | | 紫砂壶 | 1 | | |
| 奉茶盘 | 1 | | | 品茗杯 | 5 | | |
| 茶叶罐 | 1 | | | 闻香杯 | 5 | | |
| 茶巾 | 1 | | | 水壶 | 1 | | |
| 茶荷 | 1 | | | 乌龙茶 | 5 g | | |
| 杯托 | 5 | | | | | | |

**步骤1:备具、备茶、备水**　水壶先放于炉上煮水(或用煮水器煮水)。奉茶盘放在左侧桌面上,称铁观音5 g放入茶罐备用。5个品茗杯与5个闻香杯倒扣,分3排摆成倒三角形放于茶盘中间前部;杯托倒扣,叠放于茶巾上,放在茶盘中间内侧;茶荷倒扣在左上角,茶罐放在左下角,茶壶放于右侧。茶具需要按照如图3-1所示摆放正确。

图3-1

**步骤 2**：上场　端盘上场。

**步骤 3**：放盘

**步骤 4**：行鞠躬礼

**步骤 5**：入座

**步骤 6**：布具　从右至左布置茶具。

（1）移茶壶　双手提起茶壶，向里移动，放于茶盘右下角，如图 3-2 所示。

（2）翻杯托　双手手心朝下，虎口成弧形，手心为空，双手四指压杯托外边，大拇指伸入杯托下面，往上翻。将杯托移至茶盘后右侧，如图 3-3 所示。

图 3-2

图 3-3

（3）移茶巾　双手手心朝上，虎口成弧形，手心为空，托茶巾，将茶巾放于茶盘后左边，如图 3-4 所示。

（4）移茶罐　双手捧茶叶罐，从里向外沿弧形移至茶盘左侧前端，左手向前推，右手为虚，如图 3-5 所示。

图 3-4

图 3-5

（5）移茶荷　左手手心朝下，虎口成弧形，手心为空，握茶荷，移至左侧，放于茶罐后，稍靠近茶盘，与茶罐成斜线。

（6）翻杯　如图 3-6 所示。次序为 1 号杯放于 1 号位，2 号杯放于 2 号位，3 号杯放于 3 号位，4 号杯放于 4 号位，5 号杯放于 5 号位，5 个品茗杯似五片花瓣，形成一朵"花"，如

图3-7所示。

图3-6　　　　　　　　　　　　　　图3-7

（8）翻闻香杯　翻1号闻香杯,放于1号位,2号杯放于2号位,3号杯放于3号位,4号杯放于4号位,5号杯放于5号位,如图3-8所示。

（9）布具完成　双手半握拳搁于桌面上,如图3-9所示。

图3-8　　　　　　　　　　　　　　图3-9

**步骤7：行注目礼**

**步骤8：取茶**　双手捧茶罐开盖,双手拇指按住茶叶罐的盖子,用拇指推开盖子,右手把盖子放在茶盘右下侧,把茶叶罐从左手转移至右手,左手拿起茶荷,右手拿茶叶罐旋转,把茶叶倒出,茶叶罐放在茶盘外左下侧,如图3-10所示。

**步骤9：赏茶**　从右向左赏茶后,将茶荷放在茶盘外左下侧。右手取茶罐交左手,右手取茶罐盖,合盖后放回原处。

**步骤10：温壶**

（1）右手打开茶壶盖,壶盖走从里至外的弧线。

（2）壶盖放在闻香杯上,将闻香杯作盖置用,如图3-11所示。

（3）提水壶,走从外至里的弧线,移动至茶壶上,注水至满。

(4) 水壶放回。

(5) 茶壶加盖,提起茶壶,温壶的水依次分入 1、2、3、4、5 号闻香杯,水量约 1/2 杯。

(6) 继续将水依次分入 1、2、3、4、5 号品茗杯,如图 3-12 所示,水量约 1/2 杯。多余的水弃掉。茶壶放回。

图 3-10

图 3-11

图 3-12

**步骤 11:置茶**

(1) 打开茶壶盖,搁于闻香杯上。

(2) 左手取茶荷,交至右手。

(3) 茶荷与壶成 45°,让茶入茶壶,如图 3-13 所示。

(4) 右手置茶时,左手可护右手或半握拳搁在茶桌上,与肩同宽。

(5) 茶荷放于原位。

**步骤 12:冲泡**

(1) 提壶高冲,至水将溢出壶面,以利于去除茶沫,如图 3-14 所示。

图 3-13

图 3-14

(2) 水壶放回。

**步骤 13:淋壶**

(1) 先端起靠近身体的两个闻香杯,两手一前一后淋于壶身上,如图 3-15 所示,然后放回。

(2) 再端起中间两个闻香杯,淋壶后放回原位。

(3) 端起1号闻香杯,淋壶后放回。

**步骤14:温杯**

(1) 端起靠近身体的两只品茗杯,放入1号品茗杯中,如图3-16所示。

图3-15

图3-16

(2) 大拇指向外拨动,转动品茗杯温烫。弃水,放回原位。

(3) 中间两品茗杯放入1号品茗杯中,温烫、取出、沥净水,放回。

(4) 1号品茗杯弃水,复原位。

**注意** 淋壶、温杯的速度均较快,时间不超过45 s。

**步骤15:分汤**

(1) 提茶壶将茶汤注入闻香杯,分三巡分汤。

(2) 第一巡分汤,依次向1、2、3、4、5号闻香杯注入1/3杯茶。

(3) 第二巡分汤,依次低斟至七分满杯,第三巡则把最后的茶水依次滴入每杯,以使每一杯茶汤的浓度基本一致,如图3-17所示。

(4) 茶壶放回原位。

(5) 取杯托,放于茶盘上。

(6) 取5号闻香杯,在茶巾上压一下,吸干杯底的水,放于茶托上,如图3-18所示。

图3-17

图3-18

(7) 再取 5 号品茗杯,在茶巾上压一下,吸干杯底的水,倒扣于 5 号闻香杯上,如图 3-19 所示。

(8) 鲤鱼翻身:右手拇指按住品茗杯底,食指和中指夹住闻香杯杯身,手心朝上,手腕抬起至眼眉高度时,手腕快速向内翻使手心朝下,随后缓慢降至胸前,如图 3-20 所示。

图 3-19

图 3-20

(9) 如图 3-21 所示,左手接握品茗杯,右手调整到与左手一同捧握品茗杯,放到茶托上。

(10) 换左手握杯托,将杯托同茶杯放于奉茶盘左前侧。虎口成弧形,手指不碰到杯口,须保持身体中正。

(11) 取 4 号品茗杯与闻香杯,鲤鱼翻身后放于茶盘左前侧,如图 3-22 所示。

图 3-21

图 3-22

(12) 取 3 号、2 号品茗杯与闻香杯,鲤鱼翻身后放于奉茶盘左后侧、右后侧。

(13) 取 1 号闻香杯和品茗杯放于茶托上,放于茶盘上。这杯是留给习茶者示饮用的。

**步骤 16:奉茶** 如图 3-23 所示。

(1) 起身左脚向左边开步,右脚并上。

(2) 左脚后退一步,成右蹲姿;右手在前,左手在后,端起茶盘。

(3) 先端盘再起身。转身右脚开步向品茗者前奉茶。端盘至品茗者前,端盘行奉前礼,品茗者回礼,如图 3-24 所示。

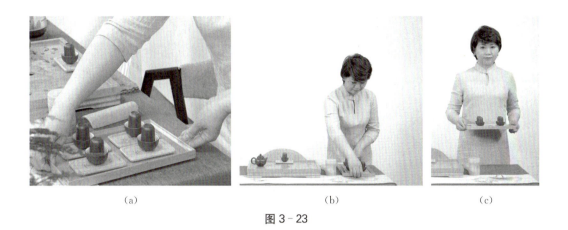

(a)　　　　　　　　　　　(b)　　　　　　　　　　　(c)

图 3-23

图 3-24

（4）换成左手托盘，右蹲姿，右手端杯及托，至品茗者伸手可及处。手掌伸直请品茗者喝茶，品茗者回礼，如图 3-25 所示。起身，左脚向后退一步，右脚并上，行奉后礼，品茗者回礼。

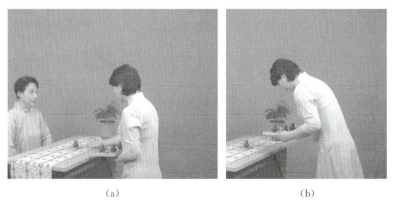

(a)　　　　　　　　　　　(b)

图 3-25

图 3-26

(5) 转身移动盘内的品茗杯至均匀分布,移步到另一位品茗者正对面再奉茶,如图 3-26 所示。

(6) 双手握住茶盘短边中间,茶盘靠身体左边,茶盘面与身体平行,茶盘最低一角离身体一拳距离。茶盘靠身体右边亦同。

**步骤 17:示饮**

(1) 双手端起杯托及茶杯,如图 3-27 所示。

(2) 向右边、左边示意可以品茶了,放下。

(3) 左手护品茗杯,右手握闻香杯。右手向里轻轻转动闻香杯,往上提,如图 3-28 所示。

图 3-27　　　　　　　　　图 3-28

(4) 右手握杯,左手护住,由近及远,3 次闻香,如图 3-29 所示。

(5) 放下闻香杯,端起品茗杯,先观汤色,再小口品饮,分 3 口喝完,如图 3-30 所示。

图 3-29　　　　　　　　　图 3-30

(6) 将品茗杯放回杯托上,杯与杯托移至茶盘前方,如图 3-31 所示。

**步骤 18：收具**　从左至右收具，器具原路返回，最后移出的器具最先收回，并放回至茶盘原来的位置上。收茶荷，收茶罐，双手捧茶罐至胸前放回原处。收茶巾，收茶壶，右手提水壶，左手为虚，放回原位，如图 3-32 所示。

图 3-31

图 3-32

**步骤 19：行鞠躬礼**　端茶盘起身，左脚后退一步，右脚并上，行鞠躬礼。

**步骤 20：退回**　收回的茶具，放于茶盘上原来的位置，那是它们的"家"。

**1. 注水和出汤方式对茶汤品质的影响**

泡茶时注水和出汤的方式，对茶品质影响很大，是泡茶过程中完全需要人工控制的关键环节。注水的急缓，主要影响到滋味、香气、汤感之间的协调关系。急的水流使茶叶旋动，茶和水高温下接触，融合度高，香气更高扬，但茶汤的厚度和软度则会相应下降；缓慢的水流则令茶保持相对静止，茶水融合慢，出汤的时候再一次在较低温度下融合，令茶汤的厚度和软度上升，层次感加强，但茶汤香气变淡。

泡茶水线的走势主要关系到茶底和水流的动静比例以及茶底接触水的均匀程度。

（1）螺旋形注水　盖碗的边缘部分以及面上的茶底都能直接接触到注入的水，茶在注水的第一时间融合度增加。

（2）环圈注水　边缘部分能在第一时间接触到水，而面上中间部分的茶则主要在水位上涨后才能接触到水，茶在注水的第一时间融合度稍欠。

（3）单边定点注水　茶仅有一边能够接触到水，在注水的第一时间融合度较差，单边定点注水的点若在盖碗壁上，则相对于在盖碗和茶底之间的点要融合得稍好一些。

（4）正中定点注水　较为极端的方式，通常和较细的水线以及缓慢注水搭配使用。茶底只有中间的一小部分能够和水线直接接触，其他则缓慢溶出，茶会因此出现滋味过于凝聚，以及茶汤分离的情况。

调整注水的快慢、水线的高低、水线的粗细，影响浸泡过程中水温的高低，影响水流的急缓，进而调整茶汤的滋味。

缓慢的出汤主要对前期浸泡相对静态的、茶水融合度差的茶汤，有融合调节作用，越缓慢均匀出汤,茶汤在出汤时候的融合越有层次,且相对融合温度越低,其汤感也越软。而越快速出汤,茶汤的融合度越好,香气越浓。出汤快慢在冲泡过程中也有微调作用。

2. 盖碗泡茶的优点

盖碗出现于清代康熙年间,流行于乾隆年间,以景德镇所产为佳。盖碗又称三才杯、三才碗,盖为天,托为地,碗为人,天、地、人合一,蕴含"天人合一"的中国传统思想,是有中国特色的饮茶器具。盖碗可作泡茶器,也可直接作为饮茶用碗,质地以瓷、玻璃为主。

六大茶类都可以用盖碗来冲泡。用盖碗泡茶的好处:

(1) 形状开放,不会限制叶片在冲泡过程中的舒展;

(2) 材质是瓷,不会影响茶叶的细微表现,茶汤隔热,不易烫手;

(3) 冲泡上可闷可放,不会有壶泡带来的闷气或蒸煮的感觉;

(4) 时间控制有优势,出水快,甚至可以 2 s 出水;

(5) 温度容易控制,入水的角度和位置,水流的大小和力度,都随心所欲;

(6) 可以翻动和挤压茶底,造成口感的差异;

(7) 容易观察,盖碗碗身开口大,便于观察茶汤色泽、叶底等;

(8) 盖碗上配盖下配托,加盖后,茶汤温度不易降低,碗盖还能聚香,香气不易挥发,可以揭盖闻茶。

盖碗泡茶不失茶味,实用,不会串味,可以泡出各种茶的原味,六大茶类都可以冲泡,纯熟的高手通过调整注水和出汤的方式,在泡茶过程中人工控制香气、滋味、汤感之间的协调关系,可以用盖碗泡出无穷的变化。

3. 不同茶品搭配盖碗的方法

盖碗以碗口直径为碗高的两倍、碗边宽者为佳。碗内壁为白色的瓷盖碗适合冲泡各类茶,白色内壁可衬出各色茶汤;碗外壁的色泽、图案可根据茶类、季节等来选择、搭配。玻璃盖碗透明,可欣赏茶汤色泽和芽叶形状,可用来冲泡外形秀美的绿茶、红茶和花茶等。红茶汤色红,器具白色内壁最能衬托红茶的汤色。红茶的品茗杯一般选择内壁白色的瓷杯或透明的玻璃小杯。其他色泽的品茗杯均不如白色益于茶汤的颜色美。

# 任务4  小壶单杯冲泡

 学习目标

1. 掌握小壶单杯冲泡技术流程。
2. 熟练运用小壶单杯冲泡法冲泡条索状乌龙茶。

 任务描述

小壶单杯泡法适合冲泡各种乌龙茶。与双杯泡法相比,单杯泡法不用闻香杯,不淋壶。两者茶汤品质没有本质上的差别,只是茶器、泡法不同而已。现需要你准备一套小壶单杯紫砂茶具,掌握冲泡流程后,熟练冲泡条索状乌龙茶,如武夷岩茶。

 任务分析

本任务的学习重点是小壶单杯冲泡技术流程;学习难点是把握条索形乌龙茶的冲泡时间,并应用小壶单杯冲泡法冲泡出口感适中的乌龙茶。

 任务准备

每组取如下茶具,归还时做好记录。若有损坏,第一时间向茶具保管负责人报备。

| 名称 | 数量 | 已取 | 已还 | 名称 | 数量 | 已取 | 已还 |
| --- | --- | --- | --- | --- | --- | --- | --- |
| 茶盘 | 1 | | | 紫砂壶 | 1 | | |
| 壶承 | 1 | | | 品茗杯、杯托 | 5 | | |
| 茶叶罐 | 1 | | | 公道杯 | 1 | | |
| 茶巾 | 1 | | | 水壶 | 1 | | |
| 茶荷 | 1 | | | 乌龙茶 | 5 g | | |
| 花器 | 1 | | | 水盂 | 1 | | |

饮品制作

**步骤1：备具、备茶、备水** 事先准备好水壶、奉茶盘、茶叶，同任务3。

5个品茗杯倒扣，分两排摆成倒三角形，放于茶盘中间前部；茶荷倒扣在茶巾上，放在茶盘中间内侧，左上角为公道杯；茶罐放在左侧中间，左下角为花器，茶壶放于右侧上角，右下角为水盂。

**步骤2：上场**

**步骤3：放盘**

**步骤4：行鞠躬礼**

**步骤5：入座** 如图4-1所示。

**步骤6：布具** 从右至左布置茶具。

（1）移水盂 双手捧水盂，沿弧线移至水壶后，靠近茶盘与水壶成一条斜线，如图4-2所示。

图4-1

图4-2

（2）移茶荷 左手手心朝下，虎口成弧形，手心为空，握茶荷，如图4-3所示。从茶盘移至右侧，放于茶盘后。

（3）移茶巾 双手手心朝上，虎口成弧形，手心为空，托茶巾，将茶巾放于茶盘后左边。

（4）移茶罐 双手捧茶叶罐，移至茶盘左侧茶花后，靠近茶盘，与茶花成一条斜线。

（5）移壶承及壶 双手捧壶承移至茶盘右下角。

（6）移公道杯 双手移公道杯，移至茶盘左下角，如图4-4所示。

（7）翻杯 从前排右侧起，翻1号杯，放于茶托上，依次翻2、3、4、5号杯，放在茶托上，如图4-5所示。1号和3号杯顺序可能不同，以操作舒服为原则。

（8）布具完成 双手半握拳搁于桌面上。

**步骤7：行注目礼**

**步骤8：温壶** 打开茶壶盖，壶盖走从里往外的弧线。壶盖放在品茗杯上，将品茗杯用作盖置。提水壶，走从外至里的弧线，移动至茶壶上，注水至八分满。水壶放回。茶壶加盖，提起茶壶，按照内、右、外、左顺序旋转茶壶，如图4-6所示。然后将温壶的水依次分入1、2、3、4、5号品茗杯中。茶壶放回。

图 4-3

图 4-4

图 4-5

图 4-6

**步骤 9：温杯**

(1) 温 1 号杯。

(2) 1 号品茗杯弃水，杯底在茶巾上压一下，吸干杯底的水渍，复原位。

(3) 依次温 2~5 号杯。

**步骤 10：取茶** 双手捧茶罐开盖，双手拇指按住茶叶罐的盖子，用拇指推开盖子，右手把盖子放在茶盘右下侧；把茶叶罐从左手转移至右手，左手拿起茶荷，右手拿茶叶罐旋转，把茶叶倒出，茶叶罐放在茶盘右手下侧。

**步骤 11：赏茶** 双手托茶荷，手臂成放松的弧形，腰带着身体从右转至左，如图 4-7 所示。茶罐合上盖子，放回原处。

**步骤 12：置茶** 打开茶壶盖，搁于品茗杯上。右手取茶荷。茶荷与壶成 45°，让茶入茶壶，如图 4-8 所示。置茶后，茶荷放于原位。

图 4-7

图 4-8

**步骤 13：冲泡**　提壶高冲八分满。公道杯注水至八分满。水壶放回。

## 知识链接

### 条索状乌龙茶冲泡时间

乌龙岩茶条索松，经多次烘焙，茶叶内含物质较冻顶乌龙等卷曲紧结的浸出快。从茶与水相遇开始计时，第一泡15～30s出汤，行茶过程中以温公道杯的速度来控制时间。

**步骤 14：温公道杯**　温公道杯，时间不超过30s为宜，如图4-9所示。弃水，在茶巾上压一下，吸干水渍。公道杯放回。

**步骤 15：沥汤**　沥汤，如图4-10所示。放回茶壶。

**步骤 16：分汤**　将茶汤注入1号杯。依次分汤至2、3、4、5号品茗杯。公道杯放于茶盘外左侧茶罐后。茶壶放于茶盘外左侧公道杯后。双手握前排左右两杯，向两边移开至均匀摆放。双手握后排两杯，向两边移开至均匀摆放。

图4-9

图4-10

**步骤 17：起身**　起身，左脚向左边开步，右脚并上。左脚后退一步，成右蹲姿，端起茶盘。先端盘再起身。如图4-11所示。

**步骤 18：奉茶**　转身右脚开步向品茗者前奉茶。端盘至品茗者前，端盘行奉前礼，品茗者回礼，如图4-12所示。

图4-11

图4-12

换成左手托盘,右蹲姿,右手端杯及托,至品茗者伸手可及处。手掌伸直请品茗者喝茶,品茗者回礼。起身,左脚向后退一步,右脚并上,行奉后礼,品茗者回礼。

转身移动盘内的品茗杯至均匀分布,移步到另一位品茗者正对面再奉茶。

**步骤 19:收具**　双手放下茶盘入座。最后移出的器具最先收回,并放回至茶盘原来的位置上。先收茶壶,收公道杯,收茶罐,收茶巾,收茶荷,收水盂。

**步骤 20:行鞠躬礼**　端茶盘起身,移至侧面座位,行鞠躬礼。

**步骤 21:退回**　收回茶具,放于茶盘原位。端盘,转身退回。

观看紫砂壶冲泡黑茶茶艺视频,尝试用紫砂壶单杯冲泡技术冲泡黑茶。

(1)冲泡流程　备水—备茶—展具—置茶—赏茶—温杯—投茶—温润泡2次(第1次洗茶,第2次醒茶)—冲泡—10 s出汤至公道杯—奉茶—品茶。

(2)冲泡三要素

① 投茶量:150 ml盖碗为5~10 g(1~2人为6~7 g,人多则10~12 g),茶壶投茶量为二~四成。

② 水温:沸水。

③ 时间:第1泡10 s,第2泡15 s,第3泡20 s,7~8泡后可增加浸泡时间。

**规定茶艺演示赛项评分标准与评分细则**

第_____组,选手顺序号:_____　　　　　　　　得分:_____

| 序号 | 项目 | 分值分配 | 要求和评分标准 | 扣分细则 | 扣分 | 得分 |
|---|---|---|---|---|---|---|
| 1 | 茶样品质鉴别 15分 | 15 | 能正确判断茶样的外形、汤色、香气、滋味、叶底的优点与缺点 | (1)正确描述茶样的优缺点9个(含)以上,不扣分<br>(2)正确描述茶样的优缺点7~8个,扣2分<br>(3)正确描述茶样的优缺点5~6个,扣4分<br>(4)正确描述茶样的优缺点3~4个,扣6分<br>(5)正确描述茶样的优缺点1~2个,扣8分<br>(6)正确描述茶样的优缺点0个,扣10分<br>(7)其他因素扣分 | | |
| 2 | 礼仪仪表仪容 10分 | 3 | 发型、服饰端庄自然 | (1)发型、服饰尚端庄自然,扣0.5分<br>(2)发型、服饰欠端庄自然,扣1分<br>(3)其他因素扣分 | | |
| | | 3 | 形象自然、得体,优雅,表情自然,具有亲和力 | (1)表情木讷,眼神无恰当交流,扣0.5分<br>(2)神情恍惚,表情紧张不自如,扣1分<br>(3)妆容不当,扣1分<br>(4)其他因素扣分 | | |
| | | 4 | 动作、手势、站立姿、坐姿、行姿端正得体 | (1)坐姿、站姿、行姿尚端正,扣1分<br>(2)坐姿、站姿、行姿欠端正,扣2分<br>(3)手势中有明显多余动作,扣1分<br>(4)其他因素扣分 | | |

续 表

| 序号 | 项目 | 分值分配 | 要求和评分标准 | 扣分细则 | 扣分 | 得分 |
|---|---|---|---|---|---|---|
| 3 | 茶席布置 5分 | 3 | 选配器具功能、质地、形状、色彩与茶类协调 | (1) 茶具色彩欠协调,扣0.5分<br>(2) 茶具配套不齐全,或有多余,扣1分<br>(3) 茶具之间质地、形状不协调,扣1分<br>(4) 其他因素扣分 | | |
| | | 2 | 器具布置与排列有序、合理 | (1) 茶具、席面欠协调,扣0.5分<br>(2) 茶具、席面布置不协调,扣1分<br>(3) 其他因素扣分 | | |
| 4 | 茶艺演示 30分 | 10 | 水温、茶水比、浸泡时间设计合理,调控得当 | (1) 不能正确选择所需茶叶,扣5分<br>(2) 冲泡程序不符合茶性,扣3分<br>(3) 选择水温与茶叶不相适宜,过高或过低,扣1分<br>(4) 水量过多或太少,扣1分<br>(5) 其他因素扣分 | | |
| | | 10 | 动作适度,顺畅、优美,过程完整,形神兼备 | (1) 操作过程完整顺畅,稍欠艺术感,扣0.5分<br>(2) 操作过程完整,但动作紧张僵硬,扣1分<br>(3) 操作基本完成,有中断或出错二次及以下,扣2分<br>(4) 未能连续完成,有中断或出错三次及以上,扣3分<br>(5) 其他因素扣分 | | |
| | | 5 | 泡茶、奉茶姿势优美端庄,言辞恰当 | (1) 奉茶姿态不端正,扣0.5分<br>(2) 奉茶次序混乱,扣0.5分<br>(3) 不行礼,扣0.5分<br>(4) 其他因素扣分 | | |
| | | 5 | 布具有序合理,收具有序 | (1) 布具、收具欠有序,扣0.5分<br>(2) 布具、收具顺序混乱,扣1分<br>(3) 茶具摆放欠合理,扣0.5分<br>(4) 茶具摆放不合理,扣1分<br>(5) 其他因素扣分 | | |
| 5 | 茶汤质量 35分 | 25 | 茶的色、香、味等特性表达充分 | (1) 未能表达出茶色、香、味其一者,扣5分<br>(2) 未能表达出茶色、香、味其二者,扣8分<br>(3) 未能表达出茶色、香、味其三者,扣10分<br>(4) 其他因素扣分 | | |
| | | 5 | 所奉茶汤温度适宜 | (1) 温度略感不适,扣1分<br>(2) 温度过高或过低,扣2分<br>(3) 其他因素扣分 | | |
| | | 5 | 所奉茶汤适量 | (1) 过多(溢出茶杯杯沿)或偏少(低于茶杯1/2),扣1分<br>(2) 各杯不均,扣1分<br>(3) 其他因素扣分 | | |
| 6 | 时间 5分 | 5 | 在6~10 min内完成茶艺演示 | (1) 误差3 min(含)以内,扣1分<br>(2) 误差3~5 min(含),扣2分<br>(3) 超过5 min,扣5分<br>(4) 其他因素扣分 | | |

# 模块二　茶与调饮茶

## 项目四　国内外调饮茶

1. 了解不同民族不同国家茶文化多姿多彩的茶俗,呈现了无穷无尽的可能性。了解茶文化的交融,增强中华文化的自信心。
2. 了解"和"文化,是"以和为贵""和而不同"的中华文化本质,是茶文化的核心精神,展现的是海纳百川、兼容并蓄、博大包容的胸襟和气派。
3. 利用中国茶文化的独特魅力,向世界讲述中国故事,传播中国声音,提升中国文化的国际影响力。

1. 赏析蒙古族奶茶、白族三道茶、满族茉莉花茶、回族八宝茶、土家族擂茶、朝鲜族蜂蜜柚子茶、英式下午茶、印度拉茶的习俗和设计方案。
2. 赏析世界茶文化的设计方案。
3. 能自创茶艺演示。

世界茶文化和少数民族茶文化包罗万象,不同国家和中国的各个民族茶俗为自创茶艺

提供大量的素材。现在需要你欣赏、分析不同的茶艺方案,修正自己设计的展演方案,自创茶艺作品。

学习掌握世界茶文化、民族茶文化的调饮茶的制作。学习难点是自创一个茶艺演示。

调饮茶始于三国时期。随着当时团茶、面茶、茶粥等广泛传播,饮茶成为文人雅士、寺院僧侣和皇家君臣所推崇的风雅流程。也因此得到发展,调饮茶成为其中一个分支。当时的主流调饮法是在茶汤中加入各种配料,如将姜、椒、桂等和茶叶烹制,即最早的调饮茶。

至唐宋时期,调饮法逐渐开始盛行,茶的伴饮佐料也日益丰富,大致分为 3 类,即辛辣型、花香型和食物型。明清时期,清饮法成为中国茶饮主流方式,而调饮法则主要围绕花茶而发展,并辅以区域特色和民族茶俗不同而产生各种调饮茶。

我国当代调饮茶则主要以新式茶饮和工业化瓶装茶饮料的形式不断发展。

在欧美等地区,公元 17 世纪,我国茶叶传入英国,因价格昂贵,仅有皇室人员饮用。初期人们不适应茶的苦涩味,便加糖来调和,即调饮茶的雏形。随后,红茶与牛奶配制而成的调饮茶日益盛行,茶由清饮逐渐发展为调饮。

世界各国大多加入辅料以改善茶的口感。饮用红茶的国家以英国为代表,加入牛奶、方糖等配料调制而成的调饮红茶,已成为英式下午茶文化的主要载体。饮用绿茶的国家则偏好加入方糖、薄荷、柠檬和其他果汁调配而成的调饮茶,既有茶的醇味,又有水果的清香,可满足各类人群对于口味、营养等各方面的需求。但是总体而言,大部分国外消费者偏好以红茶为基底的调饮茶,如西亚、欧洲等地区的消费者。

# 任务1 蒙古奶茶

有人说蒙古奶茶是所有奶茶的鼻祖。北方草原气候寒冷,缺乏蔬菜,喝热的咸奶茶可以驱寒,也可以补充体内的维生素。作为北方的游牧民族,蒙古族逐水草而居,在长期的生产生活中,形成了其独有的饮用奶茶的习俗。奶茶所用的茶叶以前一直是青砖茶,砖茶含有丰富的维生素C、单宁、蛋白质、酸等人体必需的营养成分。蒙古奶茶风味独特,奶香浓郁,有益于健康。每日清晨,主妇的第一件事就是先煮一锅咸奶茶,供全家整天享用。蒙古族喜欢喝热茶,早上,他们一边喝茶,一边吃炒米,将剩余的茶放在微火上暖着,以便随时取饮。

由于受到地理位置远、交通运输不便等因素的影响,传统的方式是用砖茶煮蒙古奶茶,现代青砖茶已经不能满足人们对不同口感的需要,煮蒙古奶茶也可以选择不同的茶叶来满足自己的口感,今天主要选用普洱茶制作蒙古奶茶。

## 一、奶茶发展历史

中国茶叶最早向海外传播,可追溯到南北朝时期。当时中国商人通过以茶易物的方式,向土耳其输出茶叶。

隋唐时期,随着边贸市场的发展壮大,加之丝绸之路的繁荣,中国茶叶以茶马交易的方式,经回纥及西域等地向西亚、北亚和阿拉伯等国输送,中途辗转西伯利亚,最终抵达俄国及欧洲各国。

从唐代开始,历代统治者都积极采取控制茶马交易的手段。唐肃宗至德元年,在蒙古的回纥地区驱马茶市,开创了茶马交易的先河。

北宋,茶马交易主要在陕甘地区,易马的茶叶就地取于川蜀,并在成都、秦州(今甘肃天水)各置榷茶和买马司。

元代,官府废止了宋代实行的茶马治边政策。

明代,继续元之驿站制度,对有破损者限期恢复,对驿道上的要津、渡口之管理有所强化。明太祖洪武年间,上等马一匹最多换茶叶120斤。明万历年间,则定上等马一匹换茶三十箧,中等二十,下等十五。明代文学家汤显祖在《茶马》诗中这样写道:"黑茶一何美,羌马一何殊……羌马与黄茶,胡马求金珠。"足见当时茶马交易市场的兴旺与繁荣。

清朝康熙时代,内地一些商人携带砖茶、米面、布帛杂物等到蒙古腹地,交换蒙古各种物产。除以米面、布帛直接易皮毛外,其余杂物均以砖茶定其价值。砖茶有"二四""二七""三九"之别。所谓"二四"者,即每箱可装二十四块砖茶,价值约三十三元(银元),每块砖茶重五斤半,价值一元二、三角。

## 二、蒙古族奶茶茶艺展演

### 1. 设计思路

如图1-1所示,蒙古族是个能歌善舞的民族,更是一个热情好客的民族,饮茶历史悠久,一日三餐饭,一日三次茶。奶茶既是内蒙古草原牧民最酷爱的饮品,也是招待宾客必不可少的佳饮,如图1-2所示。茶,蒙古语发音"茄";用砖茶熬制成茶水,蒙古语称"哈日茄";奶茶,蒙古语称"苏台茄",是蒙古族日常生活中不可缺少的饮料。据说成吉思汗率领铁骑征战时,辎载最多的物资就是砖茶,只要砖茶供应充分,就会人强马壮,精神抖擞。

图1-1

图1-2

图1-3

### 2. 茶席设计

场景为蒙古包内,地毯上摆放蒙古族红方桌,招待客人用的奶食茶点放在中间。还有牛肉干、奶制品等给客人享用,如图1-3所示。

蒙古族传统铜锅奶茶放置在方桌前,奶茶锅左面的方桌上摆放制作奶茶的原料,有普洱茶、牛奶、黄油、牛肉干、奶豆腐、食盐等。

蒙古族的茶文化不仅体现在奶茶的制作上,还体现在其独特的茶具上。

(1) 茶碗 最早是用树皮当碗,后来发展到木碗。也有用桦木制成的,然后镶以银,外面刻有传统的花纹,是富有人家常用的饮茶茶具。现在多用景德镇烧制的龙瓷碗。

(2) 茶壶 多为铜制或银制,造型别致,外表锃光发亮,结实耐用。

### 3. 服饰与音乐

(1) 服饰 蒙古族民族服装。

(2) 音乐 《蒙古族长调民歌》,欢快的节奏比喻草原人民的热情好客。

4. 演示流程

步骤1：黄油爆锅　如图1-4所示。

步骤2：下炒米　如图1-5所示。

步骤3：倒水　如图1-6所示。

步骤4：投入茶包　茶提前用纱布包好，如图1-7所示。

步骤5：加入牛奶　如图1-8所示。

步骤6：加入奶豆腐　如图1-9所示。

图1-4

图1-5

图1-6

图1-7

图1-8

图1-9

步骤7：加牛肉干　如图1-10所示。

步骤8：加盐　如图1-11所示。

步骤9：扬茶　完美融合，如图1-12所示。

饮品制作

图 1-10

图 1-11

图 1-12

步骤 10：分茶　如图 1-13 所示。
步骤 11：敬茶　如图 1-14 所示。

图 1-13

图 1-14

游牧民族不是聚集居住，所以饮茶的方法也不尽相同，有的是先煮茶，再加牛奶和黄油、炒米、牛肉干等，最后放盐。

# 任务2　白族三道茶

## 一、三道茶的特色

唐《蛮书》记载"蒙舍蛮以椒、姜、桂和烹而饮之",这就是三道茶配方的雏形。三道茶自古以来就是白族人民传统的待客茶饮,其制作方法讲究、独特,有着浓郁的民族特色。

（1）第一道"苦茶"　用小陶罐烧烤茶到黄而不焦、香气弥漫时再冲入滚烫开水制成。此道茶以浓酽为佳,香味宜人。因白族人讲究"酒满敬人,茶满欺人",所以这道茶只有小半杯,以小口品饮,在舌尖上回味茶的苦凉清香为趣,寓清苦之意,代表的是人生的苦境,人生之旅,举步维艰,创业之始,苦字当头。面对苦境,我们唯有学会忍耐并让岁月浸透在苦涩之中,才能慢慢品出茶的清香,体味出生活的原汁原味,从而对人生有一个深刻的认识。

（2）第二道茶甜茶　用大理特产乳扇、核桃仁、红糖、蜂蜜为佐料,冲入茶水制作而成。此道茶甜而不腻。寓意苦去甘来之意,代表的是人生的甘境。经过困苦的煎熬,经过岁月的浸泡,奋斗时埋下的种子终于发芽、成长,最后硕果累累。这是对勤劳的肯定,这是付出的回报。

（3）第三道茶"回味茶"　用蜂蜜加少许花椒、姜、桂皮等为佐料。此道茶甜蜜中带有麻辣味,喝后回味无穷。因集中了甜、苦、辣等味,又称回味茶,代表的是人生的淡境。人的一生要经历的事太多,有高低,有曲折,有平坦,有甘苦,也有诸如名利、权势、富贵荣华等的诱惑。要做到"顺境不足喜,逆境不足忧",需要淡泊的心胸和恢宏的气度。

## 二、白族三道茶的制作

**步骤1**:备具完成后,行鞠躬礼,如图2-1所示,意为"我准备好了,将用心为您泡一杯香茗,请耐心等待。"

**步骤2**:注水

**步骤3**:温壶　如图2-2所示。

**步骤4**:温杯　如图2-3所示。

**步骤5**:置茶　如图2-4所示。

饮品制作

图2-1

图2-2

图2-3

图2-4

**步骤6：泡茶**　泡云南晒青绿茶5g。
**步骤7：苦茶**　如图2-5所示。

(a)

(b)

图2-5

**步骤8：甜茶**　加蜂蜜、红糖、乳扇等，如图2-6所示。
**步骤9：回味茶**　加入花椒、姜、桂皮等，如图2-7所示。

图 2-6

图 2-7

步骤 10：完成　如图 2-8 所示。
步骤 11：敬茶　如图 2-9 所示。

图 2-8

图 2-9

# 任务3 满族盖碗茉莉花茶

## 一、满族饮茶的历史

满族茶饮历史悠久。早在唐代,茶叶作为贸易产品之一就已引入北方。辽金时代的女真人也有饮茶习惯。清入关后,满族茶俗受汉文化影响,内涵更加丰富,尤其是宫廷茶宴,精致富贵,规模更是超以往的朝代。

由于生存环境和生活层次不同,历史上满族人的茶饮种类多样。由于满族祖先长期居住在东北的白山黑水之间,属于畜牧游猎民族,因此传统满族人喜欢奶茶。清入关后,清宫廷专设御茶坊,所收茶之种类很多。但在宫廷茶宴和民间,除喜饮传统的奶茶外,花茶也是日常饮品之一。可以说满族对茶文化做出了杰出的贡献。

第一,把清饮系列茶文化与调饮系列茶文化有机结合起来,把奶茶文化上升到与清饮几乎并驾齐驱的地位。满族把奶茶带进宫廷,用于朝仪,大大提高了奶茶文化的地位。

第二,清代宫廷爱饮花茶,清代八旗子弟将茶与花结合,创出很多名堂。当时虽属有闲阶层无聊之举,但无疑丰富了中国茶艺的内容,满族对茶文化有着创造性的贡献。

第三,流行盖碗茶。这是由于满族地区地处北方寒冷地带,保温是饮茶的必需。盖碗既保温又清洁;散茶冲泡好,用盖拨茶叶;相对品饮时,遮口礼敬。盖碗有多种功用,是茶具艺术中一大创举。

## 二、满族茉莉花茶的制作

**步骤1:**备具完成后,行鞠躬礼,如图3-1所示,意为"我准备好了,将用心为您泡一杯香茗,请耐心等待。"

**步骤2:注水** 依次逆时针注水在两个盖碗的盖里(盖碗的盖子翻过来放在盖碗上),至盖满,如图3-2所示。

**步骤3:翻盖** 用茶匙尖部对着盖碗的碗盖内侧6点至9点位置,左手护着盖子,让碗盖里的水流入盖碗中,碗盖合好,如图3-3所示。

**步骤4:温盖碗** 温1号盖碗,注水至盖碗的1/3处。盖住碗盖,大拇指与中指向上托住盖碗的翻边,食指压住碗盖,固定住盖碗;左手五指并拢,托在盖碗底部,双手手腕转动,碗口向里压,向右,向前,向左,再向里压。盖碗里的水沿着碗口转360°,盖碗回正,弃水,如图3-4

图 3-1

图 3-2

图 3-3

所示。用同样的方法温 2 号盖碗。

　　**步骤 5：置茶**　把茶叶依次拨入 1、2 号盖碗里，如图 3-5 所示。

图 3-4

图 3-5

　　**步骤 6：加入茉莉花**　再把茉莉花依次拨入盖碗里。
　　**步骤 7：润茶**　双手捧起盖碗至胸前（方法同温盖碗），一圈慢，两圈快，如图 3-6 所示。
　　**步骤 8：二次注水**　逆时针注水至八分满。

**步骤9**：完成

**步骤10**：**品茗**　用盖碗盖拨茶,把盖碗留一条小的缝隙,右手持盖碗品茗,如图3-7所示。

图3-6

图3-7

# 任务4　回族八宝茶

## 一、回族茶俗

回族人是禁用酒的,而茶是被提倡的,认为茶能给人一种道德的修炼,使人宁静。由于饮食和气候的原因,回族人普遍喜欢喝茶,茶是日常生活中必不可少的饮料。最具特色的茶礼当首推西北地区的盖碗八宝茶,俗称三炮台,民间也叫盅子,由茶盖、茶碗和茶盘3件组成。八宝茶原本是居住在古代丝绸之路上的回族和东乡族用来招待远行的马帮的一种饮品,用8种天然植物和独特的配方配制而成。随着历史的演变,逐渐形成以葡萄干、桂圆干、枸杞、芝麻、冰糖、核桃、菊花和绿茶等八宝配制而成,称为八宝茶。香甜可口,滋味独特多变,并有滋阴润喉、养颜美容等多重功效。

回族人还把八宝茶作为待客的佳品,一盅盖碗茶辅以油香、馓子、花生等干果点心等。主人敬茶时有许多的礼节,要当着客人的面,在茶碗里放好茶叶和其他佐料,注入开水泡几分钟双手捧上。喝茶时,左手拿起托盘,右手拿碗盖,刮一下喝一口。

## 二、回族八宝茶的制作

**步骤1**:备具完成后,行鞠躬礼,如图4-1所示。

图4-1

**步骤2:注水**　依次逆时针注水在两个盖碗的盖里(盖碗的盖子翻过来放在盖碗上),至盖满。

  **步骤3:翻盖** 用茶匙尖部对着盖碗的碗盖内侧6点至9点位置,左手护着盖子,让碗盖里的水流入盖碗中,碗盖合好。

  **步骤4:温盖碗** 温1号盖碗,注水至盖碗的1/3处,盖住碗盖,大拇指与中指向上托住盖碗的翻边,食指压住碗盖,固定住盖碗;左手五指并拢,托在盖碗底部。双手手腕转动,碗口向里压,向右,向前,向左,再向里压。盖碗里的水沿着碗口转360°,盖碗回正,弃水。同样方法温2号盖碗。

  **步骤5:置茶** 把茶叶依次拨入1、2号盖碗里。

  **步骤6:** 依次放入葡萄干、枸杞、菊花、冰糖、桂圆干、芝麻、核桃,如图4-2所示。

  **步骤7:润茶** 双手捧起盖碗至胸前(方法同温盖碗),一圈慢,两圈快。

  **步骤8:二次注水** 逆时针注水至八分满,如图4-3所示。

图4-2

图4-3

  **步骤9:完成** 如图4-4所示。

  **步骤10:品茗** 用盖碗盖拨茶,把盖碗留一条小的缝隙,右手持盖碗品茗,如图4-5所示。

图4-4

图4-5

# 任务5　土家族擂茶

## 一、土家族擂茶

土家擂茶主要流行于湘、川、鄂、渝交界的少数民族地区，是土家族的一种特产。原料杂粮、大米、生姜、芝麻、大豆、花生等，辅以茶叶。在特定的擂钵中擂制而成，具有营养丰富、健康养生和健胃养颜等诸多功能，是热情好客的土家族人、苗族人款待客人和馈赠的最佳饮品。

擂茶起源于汉朝。相传汉武帝时期，将军马援率兵南下远战，途经湘西武陵地区时，正值盛夏，无数士兵患瘟疫。民间一老翁以祖传秘方擂茶献之，将士们病情迅速好转。之后，土家擂茶就广泛流行于民间。

擂茶的原料和制作方法因地、因食、因人而有所不同，大体可分为两种，一为米茶，二为香料茶。米茶就是古人所称的茗粥。将茶叶、生米、生姜等用水浸泡，放在内壁布满辐射状并形成粗细纹路的陶制钵体里，用二到四尺长、杯口粗的油茶木或山楂木做的擂槌，反复研磨成糊状，复拌入韭菜、番薯丝等，倒入锅中煮成稀粥。使用时再撒上适量的油炸碎米、碎花生米、芝麻等。

香料茶也叫腌茶或盐茶，它的基本原料是茶叶、中草药，以及盐、姜等。中药有肉桂、小茴香、白芷、陈皮、甘草等。草药的使用则随季节和气候不同而有所变化，如春夏湿热用艾草和薄荷等，秋季干燥用金盏菊和白菊花等。

## 二、土家族擂茶的制作

**步骤1:**备具完成后，行鞠躬礼，如图5-1所示。

**步骤2:置茶**　把茶叶倒入擂钵中。

**步骤3:擂茶**　先把茶叶擂细，如图5-2所示。

**步骤4:倒入各种调料**　依次放入花椒、生姜、盐、花生、芝麻、米花，如图5-3所示。

**步骤5:擂茶**　一边擂茶一边研磨至细腻，如图5-4所示。

**步骤6:注水**　逆时针注水至合适的高度，如图5-5所示。

图5-1

饮品制作

图5-2　　　　　　　　　　图5-3

图5-4　　　　　　　　　　图5-5

步骤7：完成

# 任务6　朝鲜族蜂蜜柚子茶

## 一、朝鲜族茶俗

朝鲜族主要分布在吉林、黑龙江、辽宁三省，集中居住于牡丹江、松花江及辽河、浑河等流域。朝鲜族是一个注重礼仪的民族，以茶待客也是当地的民俗之一，柚子茶是朝鲜族著名的养生饮品。

柚子谐音"佑子"，在传统民俗中是可驱邪、保平安的水果，而蜂蜜则代表着甜蜜和幸福。将二者一起熬成柚子蜜酱，再加入代表着红红火火的延边红茶，一杯独具浓郁民族风情、居家待客两相宜的佳茗就调制好了。

## 二、茶艺表演

（1）备具　茶壶、大茶盅、品茗杯、茶碟、茶匙、茶巾等。

（2）茶品　延边红。

（3）辅料　柚子、蜂蜜、冰糖。

（4）音乐　《延边舞曲》《阿里郎》。

（5）解说词

长白山下金达莱，民族花儿朵朵开。

香茶一杯敬宾客，生活如蜜幸福来。

尊敬的各位来宾、茶友们，大家好！

伴着欢快的《延边舞曲》，您将欣赏到的是"印象·朝鲜族柚子茶"茶艺——《长白山下幸福茶》。希望我们的茶艺演绎能让大家领略到延边的茶俗风情，伴随大家度过一段温馨的时光。

**步骤1**：备具完成后，行鞠躬礼，如图6-1所示。

**步骤2**：（涤具展颜敬宾客）温具　朝鲜族特别讲究茶具的精致，茶具一定要精心挑选，将干净的茶具再次用开水涤洗一遍，表现出主人家恭敬的待客礼仪。温壶、公道杯、品茗杯手法如图6-2～

图6-1

饮品制作

6-5 所示,参考前文任务。

图 6-2　　　　　　　　　图 6-3

图 6-4　　　　　　　　　图 6-5

**步骤 3:**(幸福红茶入壶中)赏茶、置茶　如图 6-6、图 6-7 所示。红红的茶汤,淡淡的甜香,延边红茶不仅有代表着热情与幸福的红色,那淡淡甜香更是幸福生活的写照。

图 6-6　　　　　　　　　图 6-7

**步骤 4:**(茶水相溶幸福来)冲泡　将沸水高冲入茶壶,如图 6-8 所示。茶叶在水中舒展、跳跃,演绎着茶与水邂逅的浪漫,释放出幸福的甜蜜芬芳。先有磨砺才有成功,这也象征着勤劳、智慧的朝鲜族人民用辛勤的劳动创造出幸福的生活。

**步骤5：（柚子蜜酱添幸福）调茶** 柚子茶酱选用柚子、蜂蜜和冰糖熬制，是润肺、消暑的佳品。将柚子茶酱放入大盅里，如图6-9所示。再冲入冲泡好的红茶，如图6-10所示。一杯代表着喜上加喜、好事连连的柚子茶就调好了。

图6-8

图6-9

**步骤6：（甜蜜生活大家分）分茶** 用分茶勺将茶调匀，分入杯中，如图6-11所示。分享的不仅是融合了柚子与茶香的甜茶，更是朝鲜族人民幸福生活的味道。

图6-10

图6-11

**步骤7：（四方宾客同分享）敬茶** 热情好客的朝鲜族人民，为大家敬上代表幸福美满的柚子香茶，祝福大家：生活美满，幸福安康。

# 任务7　英式下午茶

## 一、英式茶的历史

英国原本不种茶,直到 21 世纪初,才在英格兰的特利戈斯南庄园试种成功一片茶园。英国饮茶已有 400 多年历史,年人均饮茶量一直保持在 4 磅左右,早已跃入世界饮茶大国行列。在茶进入英国本土之前,便有英国人正式介绍过茶。饮茶习惯传播的最大推动者是查理二世的夫人凯瑟琳。这位葡萄牙公主对红茶的痴迷,很快感染了大批英国上层贵族女性。她们纷纷效仿女王,使饮茶频频现身于宫廷舞会。到 18 世纪初,英国茶叶的进口量大增,茶叶价格开始下跌。茶终于走下神坛开始进入中产家庭。18 世纪中后期,英国政府降低茶叶进口税率,刺激了茶叶进口,下层劳动人民也能负担得起。茶给工业革命下劳作的人民以极大的精神和物质安慰,成为百姓日常生活必需品之一。

英国人热爱饮红茶,不可一日无茶,大致分为早茶、上午茶、下午茶和晚餐茶。英式早茶,又叫开眼茶,早上起床后就要饮茶。到中午 11 点左右,上午茶的时间到了。工作间隙,饮茶是一种很好的身心调节剂。由于时间特殊,上午茶通常都较为简便。下午茶饮茶时间在下午 4 点左右。英国人非常重视下午茶,其重要性等同用餐。

正规的英式下午茶非常讲究,也很细致。提前准备茶点,用一个装满食物的 3 层点心瓷盘,从上到下依次盛蛋糕、水果塔及一些小点心,传统英式松饼和培根卷等,三明治和手工饼干。食用的顺序一般是滋味由淡至重。

若从时间上严格划分,英国人还有晚餐茶。傍晚 6 点,结合晚餐,佐料变成面包、鱼肉等。

## 二、英式下午茶

(1) 茶器　英国人喝茶非常讲究器物,须精美耐用,并能衬托红茶独特的风格,也是饮茶的乐趣所在。

(2) 红茶的泡法　英国式泡红茶的黄金律:

① 使用茶壶:温热茶壶,放入茶叶,注入沸汤,茶叶会上下来回跃动。

② 茶量正确:使用茶匙,一匙约 2.5~3 g。原则上一杯一茶匙,可酌情加减。

③ 新鲜的水:新鲜的水含有很多空气,煮沸后使用,红茶的味道才能冲泡出来。

④ 浸泡时间:注汤之后,盖上盖子浸泡,让茶叶沉到壶底,约 4~5 min。

遵守这四条黄金律,就可泡出一杯色泽艳丽、香气馥郁、滋味浓厚而好喝的红茶。

(3) 奶茶泡法

① 温壶、温杯：煮沸了水就先温壶、温杯。

② 置茶：以1杯1茶匙的比例放入茶叶。喜欢浓一点的人，多放一匙。

③ 冲茶：以沸腾的水冲泡茶叶，冲茶之后，马上盖上盖子。清饮的茶就可以享用了，奶茶稍微泡久一些。

④ 放牛奶：1杯约2～3茶匙，砂糖也一起加入。牛奶的温度常温，既不会使红茶温度变冷，也不会盖过红茶的香气。

⑤ 倒茶：将茶倒入装有牛奶的杯中，用茶匙轻轻搅拌。

## 三、英式下午茶制作

**步骤1：备具** 如图7-1所示。

图7-1

**步骤2：温壶、温杯** 左手五指并拢，托在壶底，双手手腕转动；壶的方向向里压，向右，向前，向左，再向里压。壶里的水沿着壶转360°，后回正。把壶中水倒入杯中。温杯方法同上。

**步骤3：置茶** 如图7-2所示。

**步骤4：泡茶**

**步骤5：分茶** 如图7-3所示。

图7-2

图7-3

饮品制作

**步骤6**：兑牛奶　如图7-4所示。
**步骤7**：加糖　如图7-5所示。

图7-4

图7-5

**步骤8**：搅拌　如图7-6所示。
**步骤9**：品茗　如图7-7所示。

图7-6

图7-7

# 任务8 印度拉茶

## 一、印度拉茶

印度种茶始于18世纪后期,当时只有少量茶树种植在加尔各答的皇家植物园里。19世纪40~50年代,英国人将中国的茶种引进印度种植,并聘请中国技术人员种植、管理。印度茶树大面积种植,形成相当规模的茶园。印度多产红茶,饮茶风俗多受英国人影响,红茶是他们的最爱。在红茶中加入奶制品和砂糖煮饮,叫做甜奶茶。也有一部分人喜欢在红茶中加入姜、豆蔻、丁香、肉桂等香料,称为马萨拉茶。如果说印度人爱喝调饮茶是受到英国人的影响,那么诸如舔茶等独特的饮茶方式,就是印度民族文化与饮茶风俗的完美结合了。印度人将茶汤斟在茶盘上,用舌头舔饮,称为舔茶。这是一种奇异的饮茶方式,独具一格。另外,在印度部分山区,也有饮绿茶的风俗。

拉茶也叫香料印度茶,在红茶中放有马萨拉调料,也有用牛奶加红茶制作而成的。将甜奶茶或加了香料的奶茶从一个金属容器倒入另一个金属容器,循环往复,拉出长长的白色弧形,使调料与茶汤完美融合。完成后的拉茶泡沫丰富,口感细腻有层次,是印度人的心头所爱。一杯上好的拉茶,"拉"的过程需要往复7次以上。拉茶制作过程具备非常高的观赏性,看完表演再喝上一杯暖暖的拉茶,既饱眼福,又饱口福,是一种双重享受。在马来西亚最受欢迎的也是拉茶,拉茶在马来西亚街头巷尾随处可见。

## 二、印度拉茶的制作

**步骤1:准备** 备红碎茶、水、牛奶、糖、小豆蔻、丁香、蜂蜜、炼乳等。备具完成后,行鞠躬礼。

**步骤2:注水洁具** 逆时针注水在壶中1/4处,如图8-1所示。

**步骤3:温壶** 左手五指并拢,托在壶底,双手手腕转动,如图8-2所示。壶的方向向里压,向右,向前,向左,再向里压。壶里的水转360°后回正。把壶中水倒入杯中。

**步骤4:置茶** 把红碎茶倒入壶中,如图8-3所示。

**步骤5:加入香料** 再将丁香、豆蔻等调料依次加入壶中,如图8-4所示。

放入红碎茶、香料(香料的多少根据自己的口味调节)煮1 min。喜欢茶味浓的可以多煮一会。如果茶艺表演不方便煮茶,可以多泡一会。

**步骤6:注水冲泡** 逆时针注水至壶八分满,如图8-5所示。

图 8-1

图 8-2

图 8-3

图 8-4

图 8-5

**步骤 6：温杯**　左手五指并拢，托在杯底，双手手腕转动，如图 8-6 所示。杯的方向向里压，向右，向前，向左，再向里压。杯里的水转 360°后回正，弃水。

**步骤 7：温拉茶杯**　（方法同温杯手法）逆时针注水后弃水。

**步骤 8：放入调料**　在拉茶杯中放炼乳和蜂蜜，如图 8-7 所示。

图8-6

图8-7

**步骤9：放茶与牛奶** 把牛奶和茶同时倒入拉茶杯中，如图8-8所示。茶与奶的比例为1∶1(也可根据自己的口味)。牛奶为常温，既不会使红茶温度变冷，也不会盖过红茶的香气。

**步骤10：拉茶** 把加了香料的奶茶从一个金属容器倒入另一个金属容器，两个手臂尽量伸长，拉出长长的白色弧形，循环往复，使调料与茶汤完美融合，如图8-9所示。"拉"的过程需要往复7次以上。完成后的拉茶泡沫丰富，口感细腻有层次。

图8-8

图8-9

**步骤11：分茶** 将拉好的茶依次倒入杯子里，如图8-10所示。

**步骤12：奉茶** 印度人敬茶时先双手合十行礼后，双手奉茶，如图8-11所示。

图8-10

图8-11

# 附录 任务评价

第 组 选手姓名： 顺序号： 得分：

| 项目 | 分值分配 | 要求和评分标准 | 扣分细则 | 扣分 | 得分 |
|---|---|---|---|---|---|
| 茶样品质鉴别15分 | 15 | 能正确判断绿茶的外形、汤色、香气、滋味、叶底的优点与缺点 | （1）正确描述茶样的特点9个(含)以上，不扣分<br>（2）正确描述茶样的特点7～8个，扣2分<br>（3）正确描述茶样的特点5～6个，扣4分<br>（4）正确描述茶样的特点3～4个，扣6分<br>（5）正确描述茶样的特点1～2个，扣8分<br>（6）正确描述茶样的特点0个，扣10分 | | |
| 礼仪仪表仪容10分 | 3 | 发型、服饰端庄自然 | 发型、服饰尚端庄自然，扣0.5分<br>发型、服饰欠端庄自然，扣1分 | | |
| | 3 | 形象自然、得体、优雅，表情自然，具有亲和力 | 表情木讷，眼神无恰当交流，扣0.5分<br>神情恍惚，表情紧张不自如，扣1分<br>妆容不当，扣1分 | | |
| | 4 | 动作、手势、站立姿、坐姿、行姿端正得体 | 坐姿、站姿、行姿尚端正，扣1分<br>坐姿、站姿、行姿欠端正，扣2分<br>手势中有明显多余动作，扣1分 | | |
| 茶席布置5分 | 3 | 器具选配功能、质地、形状、色彩与茶类协调 | 茶具色彩欠协调，扣0.5分<br>茶具配套不齐全，或有多余，扣1分<br>茶具之间质地、形状不协调，扣1分 | | |
| | 2 | 器具布置与排列有序、合理 | 茶具、席面欠协调，扣0.5分<br>茶具、席面布置不协调，扣1分 | | |
| 茶艺演示30分 | 10 | 水温、茶水比、浸泡时间设计合理，并调控得当 | 不能正确选择所需茶叶5分<br>冲泡程序不符合茶性，洗茶，扣3分<br>选择水温与茶叶不相适宜，过高或过低，扣1分<br>水量过多或太少，扣1分 | | |
| | 10 | 操作动作适度、顺畅、优美，过程完整，形神兼备 | 操作过程完整顺畅，稍欠艺术感，扣0.5分<br>操作过程完整，但动作紧张僵硬，扣1分<br>操作基本完成，有中断或出错二次及以下，扣2分<br>未能连续完成，有中断或出错三次及以上，扣3分 | | |

续 表

| 项目 | 分值分配 | 要求和评分标准 | 扣 分 细 则 | 扣分 | 得分 |
|---|---|---|---|---|---|
| | 5 | 泡茶、奉茶姿势优美端庄,言辞恰当 | 奉茶姿态不端正,扣 0.5 分<br>奉茶次序混乱,扣 0.5 分<br>不行礼,扣 0.5 分 | | |
| | 5 | 布具有序合理,收具有序 | 布具、收具欠有序,扣 0.5 分<br>布具、收具顺序混乱,扣 1 分<br>茶具摆放欠合理,扣 0.5 分<br>茶具摆放不合理,扣 1 分 | | |
| 茶汤质量<br>35 分 | 25 | 茶的色、香、味等特性表达充分 | 未能表达出茶色、香、味其一者,扣 5 分<br>未能表达出茶色、香、味其二者,扣 8 分<br>未能表达出茶色、香、味其三者,扣 10 分 | | |
| | 5 | 所奉茶汤温度适宜 | 温度略感不适,扣 1 分<br>温度过高或过低,扣 2 分 | | |
| | 5 | 所奉茶汤适量 | 过多(溢出茶杯杯沿)或偏少(低于茶杯 1/2),扣 1 分<br>各杯不均,扣 1 分 | | |
| 时间 5 分 | 5 | 在 6~10 分钟内完成 | 误差 3 分钟(含)以内,扣 1 分<br>误差 3 分钟~5 分钟(含),扣 2 分<br>超过 5 分钟,扣 5 分 | | |

签名:　　　　　年　月　日

# 模块二　茶与调饮茶

## 项目五　新式茶饮和创新调饮茶

 素养目标

1. 了解茶文化的传承与创新。新式茶饮和创新调饮茶体现了传统茶文化与现代元素的结合,推动了茶教育的创新。
2. 了解新式茶饮的发展。新式茶饮和创新调饮茶不仅推动了茶饮市场的发展,也为茶文化的传播提供了新途径,这些创新不仅满足年轻消费者对口感丰富、健康和美学并重的需求,也顺应当下的消费趋势。
3. 激发好奇心和求知欲,培养学习的创新精神,激发创新灵感,营造创新氛围,鼓励尝试新方法。

 学习目标

1. 能够用各种茶类制作奶茶、果茶、茶酒等经典茶调饮的作品。
2. 掌握茶调饮的色彩、口味、造型基础,并开发创意饮品。

 任务描述

作为茶的另外一种创新饮用形式,茶调饮越来越受到年轻群体的喜爱。现需要你以茶为主体,加入酒、奶、水果等辅料,混合出新的口味,搭配出茶的不同种呈现方式,掌握经典茶

调饮作品,并开发创意产品。

  茶的调饮展示了茶叶的包容性与可塑性,创新使饮茶变得更加生动有趣。此次任务需要重点掌握茶调饮的色彩、口味、造型基础,能制作奶茶、果茶、茶酒等经典茶调饮作品;重点难点是原创茶调饮作品的开发与实操。

  我国传统饮茶以清饮为主流,国外特别钟情于红茶,在茶汤中加入香料、牛奶、糖、果汁等调味,近几年来很多新式茶饮异军突起,调饮茶在当代成为注入茶业界的新鲜血液。

# 任务1　调饮茶基础

## 一、配置调饮茶的基本原则

配置高品质的调饮茶不应盲目或简单地模仿,应追寻协调性、特色性、简约性、科学性等原则,从而满足消费者各个层次的需求。

(1) 协调性　应根据茶叶品种的不同,搭配不同的辅料,并配以相应的器皿,从而达到味道、颜色、香气、意境等多方面的和谐统一。

(2) 特色性　世界各国的历史、文化、经济和人文背景不同,饮茶习俗不同,各具特色。配制调饮茶应在尊重国情和民俗的基础上,研究和开发产品配方和工艺。

(3) 简约性　避免基本调味料或辅料过多,或者多种重口味基一同调配。一方面保持产品稳定的性状,避免口感过于复杂,并保证一定利润率;另一方面是由于消费观念的升级,以及对健康生活理念的追求,调饮茶产品无需配料复杂多样,只需风味良好、健康营养即可。

(4) 科学性　应根据不同的季节、不同类型的消费场景科学调配和搭配。例如,在炎热的夏季,适宜调配薄荷柠檬绿茶;在寒冷的冬季,一杯热气腾腾的蜂蜜柚子茶更会给人带来温暖。针对不同体质的消费者,调饮茶的配方也应该科学调整。

(5) 健康性　茶中含有茶多酚、氨基酸和咖啡因及多种微量元素,具有美容养颜、延缓衰老和抗皱祛斑等功效。调饮茶将茶叶与适宜的辅料科学配伍,达到健康功效的协同。

(6) 美观性　人们满足了最基本的生存需求后,追求其他方面更高层次的需求,是体现人类社会文明进步的标志之一。调饮茶产品不仅要满足人们的感官需求,还要注重其优美的外形和饮用环境的设计,均应符合各国传统的美学理念,体现不同时代的艺术风格特征和审美情趣,满足人们的审美需求或更高层次的精神追求。

## 二、茶饮品的设计要素

一款茶饮品由以下几部分组成:作为基底的茶底,与茶搭配起来口感协调的水果、牛奶等配料,为茶饮品点缀颜色、添加甜味的酱料或糖浆等,为茶饮品的口感和外观锦上添花的顶料,一个好听而有内涵的名字,再加一个故事或加一段诗文。

首先要考虑茶底的香气和颜色,然后寻找与之合拍的水果和牛奶等配料。其实在做完这一步后,茶饮品就基本完成了。但是,根据茶饮品的受众和时令水果,还需分别考虑点缀颜色和装饰。

如果选用的水果香气较淡或该水果不合时令,其存在感就会变弱。此时可以多加一些酱料或者糖浆,强调一下茶饮品中水果的存在感。对于喜欢吃甜的人来说,添加酱料、糖浆为茶饮品带来的甜味会带来更多的满足感。除口感之外,糖浆给茶饮品的外观也带来不小的帮助。茶底和配料的茶饮品只有一种颜色,不太好看。如果在茶底中添加不同颜色的水果糖浆,就会更加鲜艳。酱料和糖浆含糖量高,密度比茶底要大,会沉淀到下层,在茶饮品中可做出分层效果。

以水果装饰,再用木薯、珍珠之类的配料来改善口感,增加味道,就算是大杯的茶饮品,也可以让饮者一直高高兴兴喝到最后。

## 三、茶饮品的创意构思

首先想象一下完成之后应该是什么样的,然后从完成之后的形态,倒推,思考应该用什么基底茶,用什么水果、牛奶等配料,用什么酱料、糖浆来给这款茶饮品上色或者添加口味,用什么辅料来锦上添花。使用这种思维模式来考虑茶饮品的4大组成部分,让制作变得简单。这几步也可以根据饮品的不同而前后调整,就像联想游戏一样。例如,想要做一款充满花香的茶饮品,可以使用茉莉花茶;如果想让这款茶饮品具有醒脑的功能,就可以加入柠檬等酸味系的配料。只要能把想法和对应的材料组合起来,制作就会变得简单。

茶饮品的味道也可以在最后调整,在平衡茶饮品整体之后,再考虑通过糖浆等来调整甜味。茶饮品的颜色也是如此,可以在整体上大致完成后,再微调。成品的整体平衡感是非常重要的。

### 1. 基底茶

茶饮品的基底就是茶,最不可少的就是茶的香气。换句话说,嗅觉体验是茶饮品基底的重要部分;茶汤的口味用来平衡茶饮品味道,本身并不足以支撑整款茶饮品。不同地域、不同环境、不同年龄段的人群对于口味的喜好也是有所区别的,且口味最容易改变,只要更改茶饮品使用的配料就可以了。

总而言之,对于茶底来说,更重要的不是茶的口味,而是香气。茶汤中的新鲜程度很大程度与茶的香气相关。

茶汤在放置一段时间后会变得浑浊。发生沉淀现象是因为茶叶中富含儿茶素和咖啡因,在冷却过程中会结晶,使茶汤变得浑浊。茶汤浓度越高,冷却速度越慢,越容易产生这种情况。泡好的茶在6h内饮用完毕是最为理想的。

泡好的茶汤倒入已经放好冰块的容器里,再放入配料、酱料等,一款茶饮品就基本完成了。使用开水泡茶,是因为烧开的水硬度会降低,更容易把茶叶中含有的各种成分泡出来。除此之外,把水烧开还可以去除自来水中氯离子等影响味道的成分,为水消毒杀菌。泡茶的水温度越高,儿茶素、单宁酸、咖啡因这类物质就越容易从茶叶中析出,泡出的茶汤也会更苦更涩。与之相对的,凉水使谷氨酸、茶氨酸成分更容易析出,泡出的茶汤会更清爽甘甜。由于冷萃茶的茶汤中儿茶素等成分含量很低,比起热茶来更难以产生沉淀现象。茶汤的香气、味道和颜色会因茶叶的发酵程度和冲泡的方法而产生天壤之别。

涩味的儿茶素具有降低胆固醇和血脂的作用,可预防癌症,抗氧化,预防病毒。咖啡因有醒脑功效,可以除去人体的疲劳感和困意,使人注意力更加集中,还有利尿的功能。茶氨酸可以安神,保护神经细胞。除此之外,茶叶还富含维生素 C 和 B2。可以维持皮肤和黏膜的健康。

### 2. 水果、牛奶等常用配料

配料是指加在茶底之中,和茶底搭配起来,让茶饮品的味道产生独特变化的食材。如果配料使用得当,可以把茶的口味层次引出来,让茶饮品的味道变得更加复杂与醇厚。此外,配料还可以让茶饮品分层,随着茶饮品被一点点喝掉,味道也会随着层次变化。配料还决定了茶饮品的独创性。

茶底和各种配料组合起来,会产生很丰富的口味。但如果和气味很浓的食材组合起来,茶本身的香气就会被掩盖。茶和牛奶的味道都有很好的相融性,特别是苦味很强烈的茶。抹茶和乌龙茶等,会和带有乳糖、甘甜的牛奶完美结合在一起。豆奶、杏仁奶在茶饮品中经常作为水果和牛奶的替代品被加入,如果搭配得当的话,也会独有一番风味。

新鲜的水果由于水分很足,不容易变色,很好处理,所以经常被用作茶饮品的配料。使用榨汁机榨取含水量丰富的果实,可以毫不浪费地取得需要的果汁。

### 3. 酱料、糖浆

糖浆就是浓度很高的糖水,或者加了大量砂糖的果汁。酱料指液体或者糊状的其他调料。糖浆大部分指较稀的液体调料。酱料大部分指黏稠的液体调料。浓度很高的酱料如果涂抹在茶饮品容器的内侧,还可以作为茶饮品装饰的一部分。糖浆是做不到这一点的。

酱料和糖浆都是用来给茶饮品增加甜味的,同时增添浓厚的口感,还可以给茶饮品调色。如果一款茶饮品只有茶底和少量配料的话,味道通常会非常清淡,但如果配料放得太多,茶底的茶味又会被盖住。如果是添加水果的茶饮品,往茶饮品中大量添加水果,会使容器之内拥挤不堪,很难喝到东西。所以,酱料或者糖浆通常会取代一部分水果的作用,为茶饮品调整口感上的平衡,也更便于调味。

### 4. 顶料

顶料就是加在饮品最上面的配料,有两种,一种是会和茶饮品融为一体的饮料,另一种是为茶饮品添加特殊口感的饮料。为茶饮品选择顶料,可以让茶饮品外观更加华丽,味道也更有特色。加入顶料的目的是装饰茶饮品和增加茶饮品的口感。通过顶料与茶饮品其他部分的结合,饮用者可以享受口味的变化。一边吃顶料一边喝茶汤的完美组合,使得顶料慢慢成为茶饮品中不可或缺的一部分。

和茶饮品融为一体的顶料包括各种奶油和奶沫,比如鲜奶油、普通奶沫等。可以与茶饮品混合到一起后再饮用,产生新的风味。近年来,通过使用奶酪、奶沫和慕斯等配料,诞生了一种主打奶沫风味的茶饮品,很受欢迎,并且有各种不同的口味。由于奶酪是经过发酵制成的,因此与同样经过发酵的茶很相配。

慕斯可以制成各种口味的气泡或者泡沫,很容易与饮品的香气和味道达成良好的平衡。慕斯在烹饪界已经是一种常用的食材了,根据使用方式的不同,可以让茶饮品的味道和外观产生各种各样的变化。除了这些,还有一些顶料可以在顾客面前呈现表演元素。比如茶饮品上方缭绕的烟雾,在茶饮品上方爆开的充满调味香味的气泡等,这些顶料可以让人大饱眼福,获得很多味觉之外的满足;可以为茶饮品添加特殊的口感的顶料,比如木薯、珍珠。边喝边吸食茶饮品内食材的甜食饮品,已经成为单独的一个饮品分类,其中的代表就是珍珠奶茶。最早的木薯珍珠是用三温糖等糖浆腌制的,现在也诞生了使用黑糖糖浆腌制的黑糖珍珠等不同的木薯珍珠种类,木薯珍珠本身也诞生了很多衍生品,比如芋圆。

  水果也可以作为顶料使用。椰果是椰肉发酵而来的食品,历史悠久,香气单纯清淡,搭配各种果茶都很合适。把水果切成适合吸食的大小,加入茶饮品,在用吸管喝的时候可以享受特殊的口感。作为顶料使用的水果没有什么特殊的限制,切成能够用吸管吸上来的大小就可以。切成大块直接放到杯子里也可以,但是需要搭配使用叉子或者长柄勺子。混合型饮品是茶饮品和其他食品混合。比如茶饮品和刨冰就是一种混合型饮品的组合,在喝的时候,既可以喝底下的茶,也可以吃上面的刨冰。如果把两者混合在一起,更是可以变化出不同的味道。这种饮品和雪顶咖啡或奶油泡泡水很像。如果往茶饮品里添加冰激凌的话,会变得太甜。但添加刨冰的话,就会让口感变得很清爽,看起来也会更有吸引力。除了这些顶料之外,栗子泥和紫薯泥之类的食材也可以做成蒙布朗式的茶饮品,口感浓厚而美味。

# 任务 2　绿茶调饮（绿色基调）

## 一、清欢

人间有味是清欢。<br/>
身在尘世中，心在云水间。<br/>
岁月里的清欢，是内心的安宁。

**任务准备**

绿色桌布、点茶全套（茶碗、茶筅、执壶）、竹节杯（300 ml）、竹子造型玻璃吸管、冻冰小熊猫模型、小熊猫和竹子造型的饼干。

配料：酸奶、牛奶、水、抹茶粉、椰汁。

**调饮步骤**

（1）提前准备　提前冰冻小熊猫和竹子型饼干。用酸奶、牛奶和水按 1∶1∶1 调配，倒入小熊猫模型里，放入冰箱冰冻成形。

（2）泡茶　第一步调膏，在茶碗里加入 5 g 抹茶粉，加入 10 ml 热水，用茶筅将抹茶粉调至无粉粒状；再加入 20 ml 热水，用茶筅击打起沫饽。分 7 次，加水至茶碗 7 分满（150 ml）。击打成厚厚的沫饽待用。

（3）将椰汁 120 ml 倒入竹节杯中。

（4）初调　把打好的抹茶汁缓慢倒入竹节杯中。

（5）装饰　用小熊猫饼干装饰盘子，再把冰冻好的小熊猫挂在杯上。作品完成！

**制作过程**

**步骤 1**：备具完成后，行鞠躬礼，如图 2-1 所示，意为"我准备好了，将用心为您泡一杯香茗，请耐心等待。"

**步骤 2：注水温杯**　注水至碗的 1/3 处，双手捧住碗的边缘，手腕转动。碗口向里压，向

饮品制作

图 2-1

右,向前,向左,再向里压。水沿着碗口转 360°,再回正,弃水,如图 2-2 所示。

**步骤 3:温茶筅** 右手手指并拢握住茶筅,在碗内上下击打,温筅,如图 2-3 所示。

图 2-2

图 2-3

**步骤 4:置茶** 取抹茶 3 匙至碗中,逆时针注水 10 ml,用茶筅调成膏状。

**步骤 5:第二次注水** 手臂用力,上下 M 形击打茶筅,如图 2-4 所示。

**步骤 6:打沫** 共注水 7 次,每次注水后,用茶筅打出厚厚的沫,如图 2-5 所示。

图 2-4

图 2-5

步骤7：把打好的抹茶汤倒入公道杯里，如图2-6所示。
步骤8：竹节杯里倒入椰奶，如图2-7所示。

图2-6

图2-7

步骤9：缓慢倒入抹茶汤，出现渐变的效果，如图2-8所示。
步骤10：在杯底放入小熊猫饼干装饰，如图2-9所示。

图2-8

图2-9

步骤11：从冰箱里拿出提前冰冻好的小熊猫装饰，如图2-10所示。
步骤12：**作品完成**　如图2-11所示。

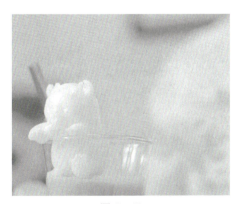

图2-10

图2-11

## 二、笑傲魁首

十年磨砺待惊天,霞光裹身冲云天。<br>
婷婷一立绽芳华,笑傲群雄中魁首。

### 任务准备

绿色桌布、泡猴魁高脚杯两只、玻璃执壶、公道杯、玻璃盘、捣棒、夹子、长茶荷。
配料：太平猴魁3g、猕猴桃、石榴、梨。

### 调饮步骤

(1) 提前把猕猴桃、石榴、梨切成丁备用。
(2) 留下一根最漂亮的太平猴魁,其他放入杯中,泡好茶汤过滤备用。
(3) 把石榴放入杯中,用捣棒压实;再把梨用勺子小心送进杯中,用捣棒压实;用勺子小心把猕猴桃送进杯中,再用捣棒压实。
(4) 夹一根太平猴魁,插在猕猴桃泥中。
(5) 缓慢倒入泡好的太平猴魁茶汤,作品完成！

### 制作过程

**步骤1**：备具完成后,行鞠躬礼,如图2-12所示。

图2-12

**步骤2**：置茶　如图2-13所示。
**步骤3**：冲泡　如图2-14所示。

图 2-13

图 2-14

步骤 4：在杯子里放入石榴。
步骤 5：用捣棒压实，如图 2-15 所示。
步骤 6：放入梨丁。
步骤 7：用捣棒压实，如图 2-16 所示。

图 2-15

图 2-16

步骤 8：相同方法，放入猕猴桃，用捣棒压实。
步骤 9：选一根太平猴魁的茶叶，插入水果泥中，如图 2-17 所示。
步骤 10：**茶叶出汤**　如图 2-18 所示。

图 2-17

图 2-18

饮 品 制 作

步骤 11：把茶汤倒入有水果的杯子，如图 2－19 所示。
步骤 12：作品完成，如图 2－20 所示。

图 2－19

图 2－20

## 三、守望

追逐星辰到天涯，守望地球一家人。

  任务准备

宇航员太空杯、玻璃执壶、公道杯。
配料：绿色果冻、蓝橙力娇酒 10～20 ml、汉中仙毫茶 3 g。

  调饮步骤

（1）把汉中仙毫茶泡好，等待出汤。
（2）把绿色果冻缓慢倒入太空杯中。
（3）把蓝橙力娇酒缓慢倒入盛果冻的杯中，出来渐变的效果。
（4）汉中仙毫茶出汤，可以带几根茶芽。
（5）缓慢倒入茶汤，再用薄荷叶装饰，作品完成！

  制作过程

步骤 1：备具完成后，行鞠躬礼，如图 2－21 所示。
步骤 2：置茶　如图 2－22 所示。
步骤 3：冲泡
步骤 4：在航天员杯子里放入果冻，如图 2－23 所示。

图 2－21

图 2-22

图 2-23

**步骤 5**：把蓝橙力娇酒缓慢倒入盛果冻的杯中，出现渐变的效果，如图 2-24 所示。
**步骤 6**：公道杯里加几个冰块，汉中仙毫茶出汤，如图 2-25 所示。

图 2-24

图 2-25

**步骤 7**：缓慢倒入茶汤，再用薄荷叶装饰，如图 2-26 所示。作品完成，如图 2-27 所示。

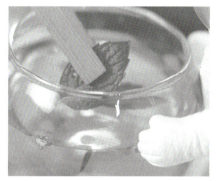

图 2-26

图 2-27

# 任务3 红茶调饮（红色基调）

## 一、铿锵玫瑰

风雨彩虹，铿锵玫瑰，纵横四海笑傲天涯永不后退。<br>
芳心似水激情如火梦想鼎沸，纵横四海笑傲天涯风情壮美。

### 任务准备

玫瑰玻璃杯、玻璃执壶、玻璃盖碗、公道杯。
配料：玫瑰红茶 5 g、玫瑰花若干、红石榴糖浆 10 ml。

### 调饮步骤

（1）把红茶泡好，用冰块冰一下。
（2）把红玫瑰放入玫瑰花杯中。
（3）红茶出汤，缓慢倒入玫瑰花杯中。
（4）把红石榴糖浆沿着杯壁缓慢倒入杯中，作品完成！

### 制作过程

**步骤1**：备具完成后，行鞠躬礼，如图 3-1 所示，意为"我准备好了，将用心为您泡一杯香茗，请耐心等待。"
**步骤2**：**置茶**　如图 3-2 所示。
**步骤3**：**冲泡**　如图 3-3 所示。
**步骤4**：把红玫瑰放入玫瑰花杯中，如图 3-4 所示。
**步骤5**：把玫瑰红茶泡好，用冰块冰一下。
**步骤6**：红茶出汤，缓慢倒入玫瑰花杯中，如图 3-5 所示。
**步骤7**：把红石榴糖浆沿着杯壁缓慢倒入杯中，如图 3-6 所示。作品完成，如图 3-7 所示。

任务3 红茶调饮(红色基调)

图3-1

图3-2

图3-3

图3-4

图3-5

饮品制作

图 3-6

图 3-7

# 任务4　白茶调饮(淡蓝色和白色基调)

## 一、白月光

> 谁是你心中的白月光？谁是你心中的红玫瑰？
> 当热烈的心温暖寒冰,红玫瑰和白月光可以同时拥有。

**任务准备**

绿色桌布、高脚玻璃杯、冰球冻冰模型、玻璃盖碗、玻璃公道杯。
配料:玫瑰花1朵、月光白茶5 g、蝶豆花10朵。

**调饮步骤**

(1) 提前把一朵玫瑰花置入冰球的模型里,放入冰箱冷冻成球形。
(2) 在玻璃盖碗中放入月光白茶5 g和10朵蝶豆花,用沸水冲泡,出汤备用。
(3) 把冻好的玫瑰冰球缓慢放入杯中。
(4) 把茶汤缓慢冲入高脚杯中。
(5) 随着时间的流逝,白月光和红玫瑰融为一体。

**制作过程**

**步骤1:注目礼**　如图4-1所示。
**步骤2:** 在玻璃盖碗中放入月光白茶5 g和10朵蝶豆花,如图4-2所示。
**步骤3:冲泡**　用沸水冲泡,如图4-3所示。
**步骤4:** 把冻好的玫瑰冰球缓慢放入高脚杯中,如图4-4所示。
**步骤5:** 茶汤出汤备用,如图4-5所示。
**步骤6:** 把茶汤缓慢冲入高脚杯中,如图4-6所示。
**步骤7:** 随着时间的流逝,白月光和红玫瑰融为一体,如图4-7所示。

饮品制作

图 4-1

图 4-2

图 4-3

图 4-4

图 4-5

图 4-6

图 4-7

## 二、破蛹成蝶

生活经常让我们遍体鳞伤,梦想赐予我们强壮的翅膀;
经历冰与火的严酷考验,忍受住孤独寂寞和迷茫;
破蛹成蝶后天空任你飞翔,去寻找生命最美的绽放!

 任务准备

高脚玻璃杯、玻璃盖碗、玻璃公道杯、爱尔兰威士忌杯、雪克杯。
配料:银芽白茶 5 g、蝴蝶棒棒糖、威士忌酒 10 ml、蓝橙力娇酒 10 ml、红石榴糖浆 10 ml。

 调饮步骤

(1)在玻璃盖碗中放入银芽白茶 5 g,用沸水冲泡。
(2)把威士忌酒倒入在爱尔兰杯中加热。
(3)在雪克壶里加入冰块,把加热的酒倒入雪克壶中,在雪克壶中加入蓝橙力娇酒。
(4)再加入茶汤,在雪克壶中摇匀,倒入高脚杯中。
(5)放一根银芽白茶,再用勺子缓慢引流红石榴糖浆至杯底,最后放一颗蝴蝶棒棒糖装饰,作品完成!

 制作过程

**步骤1**:备具完成后,行鞠躬礼,如图 4-8 所示。

图 4-8

**步骤2**:在玻璃盖碗中放入银芽白茶 5 g,用沸水冲泡,如图 4-9 所示。
**步骤3**:冲泡
**步骤4**:把威士忌酒倒入爱尔兰杯中加热,如图 4-10 所示。

图 4-9

图 4-10

**步骤 5**：在雪克壶里加入冰块，把加热的酒倒入雪克壶中，如图 4-11 所示。
**步骤 6**：在雪克壶中加入蓝橙力娇酒，如图 4-12 所示。

图 4-11

图 4-12

**步骤 7**：茶汤出汤，如图 4-13 所示。
**步骤 8**：把茶汤倒入雪克壶，如图 4-14 所示。

图 4-13

图 4-14

**步骤 9**：用雪克壶摇匀，倒入高脚杯中，如图 4-15 所示。

**步骤 10**：把摇匀的茶汤倒入高脚杯中,如图 4-16 所示。

图 4-15

图 4-16

**步骤 11**：放一根银芽白茶在杯中,如图 4-17 所示。
**步骤 12**：再用勺子缓慢引流红石榴糖浆至杯底,如图 4-18 所示。

图 4-17

(a)

(b)

图 4-18

**步骤 13**：放一颗蝴蝶棒棒糖装饰,如图 4-19 所示。作品完成,如图 4-20 所示。

图 4-19

图 4-20

# 任务5  乌龙茶调饮

## 一、丹凤朝阳

*丹凤朝阳照万物，锦绣河山任你飞。*

 **任务准备**

小鸟玻璃杯、玻璃盖碗、玻璃公道杯。
配料：黄色柠檬片、凤凰单丛茶 5 g、红石榴糖浆。

 **调饮步骤**

(1) 把凤凰单丛茶用沸水冲泡好备用。
(2) 在小鸟杯中倒入红石榴糖浆 15 ml。
(3) 把茶汤用勺子缓慢引流倒入玻璃杯中，糖浆慢慢融化，出现深红和浅红的分层效果。
(4) 放柠檬片装饰，作品完成。

 **制作过程**

**步骤1**：备具完成后，行鞠躬礼，如图5-1所示。

图5-1

步骤2：置茶(凤凰单丛)，如图5-2所示。
步骤3：用沸水冲泡好备用。
步骤4：在小鸟杯中倒入红石榴糖浆15 ml，如图5-3所示。

图5-2

图5-3

步骤5：出汤，如图5-4所示。
步骤6：把茶汤用勺子缓慢引流倒入玻璃杯中，糖浆慢慢融化，出现深红和浅红的分层效果，如图5-5所示。

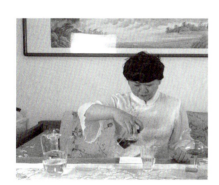

图5-4

图5-5

步骤7：放柠檬片装饰，如图5-6所示。
步骤8：作品完成，如图5-7所示。

图5-6

图5-7

## 二、美人心

*岁月静好时，美人心如玉。*

 **任务准备**

爱心玻璃杯、玻璃盖碗、玻璃执壶、玻璃公道杯、玻璃吸管。
配料：东方美人茶、玫瑰茄 5 朵、蜂蜜 15 ml。

 **调饮步骤**

（1）把东方美人茶、玫瑰茄泡上，出汤后放入冰块碗中，使茶汤冷却。
（2）在爱心杯中倒入 15 ml 蜂蜜。
（3）缓慢把茶汤倒入爱心杯中，出现了分层的效果，放入玻璃吸管搅拌融合饮用。

 **制作过程**

**步骤 1**：备具完成后，行鞠躬礼，如图 5-8 所示。

图 5-8

**步骤 2**：放入东方美人茶，如图 5-9 所示。
**步骤 3**：放入玫瑰茄，如图 5-10 所示。
**步骤 4**：冲泡
**步骤 5**：在爱心杯中倒入 15 ml 蜂蜜，如图 5-11 所示。
**步骤 6**：出汤后放入冰块碗中，使茶汤冷却，如图 5-12 所示。

图 5-9

图 5-10

图 5-11

图 5-12

**步骤 7**：缓慢把茶汤倒入爱心杯中，出现了分层的效果，如图 5-13 所示。放入玻璃吸管。

**步骤 8**：作品完成，如图 5-14 所示。

图 5-13

图 5-14

饮 品 制 作

## 三、茶中青绿

*茶中青绿映朝霞，一瓯春意满人间。*

 **任务准备**

横切马天尼杯、冰山冻冰模型、玻璃盖碗、玻璃公道杯。
配料：崂山绿茶 5 g、蓝莓味饮料 10 ml、哈密瓜力娇酒 10 ml。

 **调饮步骤**

（1）提前把蓝莓味饮料倒入冰山模型里，放入冰箱冷冻成冰山造型。
（2）在玻璃盖碗中放入崂山绿茶，用沸水冲泡，出汤备用。
（3）把冻好的冰山缓慢放入杯中。
（4）把哈密瓜力娇酒倒入杯中，再把茶汤缓慢冲入杯中。作品完成！

 **制作过程**

**步骤 1**：备具完成后，行鞠躬礼，如图 5－15 所示。

图 5－15

**步骤 2**：在玻璃盖碗中放入崂山绿茶用沸水冲泡，出汤备用，如图 5－16 所示。
**步骤 3**：提前把一杯蓝莓味饮料倒入冰山模型里，放入冰箱冷冻成冰山造型，把冻好的冰山缓慢放入杯中，如图 5－17 所示。
**步骤 4**：把哈密瓜力娇酒倒入杯中，如图 5－18 所示。
**步骤 5**：泡好的茶出汤后放在放冰块的碗里冷却，如图 5－19 所示。

图 5-16

图 5-17

图 5-18

图 5-19

**步骤6**：再把茶汤缓慢冲入杯中，如图 5-20 所示。
**步骤7**：作品完成，如图 5-21 所示。

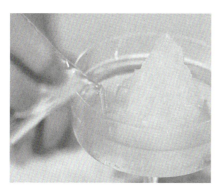

图 5-20

图 5-21

# 任务 6 黄茶调饮（黄色调）

## 一、傲霜斗雪

*傲霜斗雪任风吹，黄菊独立最高枝。*

 **任务准备**

玻璃杯、玻璃盖碗、玻璃公道杯。
配料：蒙顶黄芽茶 5 g、橙汁 15 ml、菊花。

 **调饮步骤**

（1）把蒙顶黄芽泡好备用。
（2）用柠檬片沿杯口涂抹一圈，均匀沾上白糖做糖边。
（3）将茶汤缓慢倒入玻璃杯。
（4）用酒吧勺，把橙汁沿着杯壁缓慢倒入。
（5）把泡好的菊花用夹子放入杯中待用。

 **制作过程**

**步骤 1**：备具完成，行鞠躬礼，如图 6-1 所示
**步骤 2**：置茶（蒙顶黄芽） 如图 6-2 所示。
**步骤 3**：冲泡
**步骤 4**：用柠檬片沿杯口涂抹一圈，均匀沾上白糖做糖边，如图 6-3 所示。
**步骤 5**：将茶汤缓慢倒入玻璃杯，如图 6-4 所示。
**步骤 6**：把茶汤倒入杯子，如图 6-5 所示。
**步骤 7**：用酒吧勺，把橙汁沿着杯壁缓慢倒入，如图 6-6 所示。
**步骤 8**：把泡好的菊花用夹子放入杯中，如图 6-7 所示。

任务6　黄茶调饮(黄色调)

图6-1

图6-2

(a)

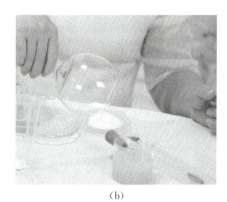

(b)

图6-3

图6-4

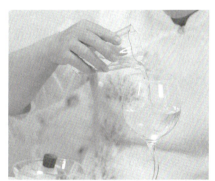

图6-5

图6-6

图6-7

饮品制作

**步骤9**：作品完成，如图6-8所示。

图6-8

## 二、我心飞翔

打开心灵之窗，插上梦的翅膀，自由飞翔，飞过高山与海洋，未来无限美好，你要勇敢去闯！

  任务准备

小鸟玻璃杯、玻璃盖碗、玻璃公道杯。
配料：霍山黄芽茶5g、蝶豆花10朵、糖浆、心形玫瑰茄1片

  调饮步骤

（1）在玻璃盖碗中放入霍山黄芽5g和10朵蝶豆花，用沸水冲泡，倒入公道杯中。
（2）将茶汤倒入小鸟杯中，再倒入蜂蜜做出分层的效果。
（3）把心形玫瑰茄1片放入小鸟杯的分层中，玫瑰茄慢慢融化融合出现晕染的效果，作品完成。

  制作过程

**步骤1**：备具完成后，行鞠躬礼。
**步骤2**：在玻璃盖碗中放入霍山黄芽5g和10朵蝶豆花用沸水冲泡，倒入公道杯中，如图6-9所示。
**步骤3**：冲泡
**步骤4**：出汤，如图6-10所示。

图6-9

图6-10

**步骤4**：把茶汤倒入小鸟杯中，如图6-11所示。
**步骤5**：再将蜂蜜缓慢倒入杯里，达到分层的效果，如图6-12所示。

图6-11

图6-12

**步骤6**：把心形玫瑰茄1片放入小鸟杯的分层中，玫瑰茄慢慢融化、融合，出现晕染的效果，如图6-13所示。
**步骤7**：作品完成，如图6-14所示。

图6-13

图6-14

# 任务7 黑茶调饮

## 一、石榴花开（深红色调）

> 石榴花开别样红，民族团结一家亲。

**任务准备**

半球形玻璃杯、玻璃盖碗、玻璃执壶、玻璃公道杯、打泡器、雪克壶。
配料：熟普 5 g、红石榴糖浆、红石榴、牛奶。

**调饮步骤**

（1）把熟普用沸水泡好，出汤后备用。
（2）在雪克壶中倒入红石榴捣汁，再加入 3～5 颗冰粒、100 ml 的茶汤，加入红石榴糖浆。
（3）摇制：单手握紧雪克杯，利用腕力 S 形上下摇动均匀。
（4）在杯里放入红石榴粒铺底，将摇匀后的茶汤倒入半球形玻璃杯中。
（5）把牛奶打泡，缓慢倒入杯中与茶汤融合。
（6）用半颗红石榴装饰，作品完成。

**制作过程**

**步骤 1**：备具完成后，行鞠躬礼，如图 7-1 所示。
**步骤 2**：置茶　如图 7-2 所示。
**步骤 3**：冲泡
**步骤 4**：熟普用沸水泡好，出汤备用，如图 7-3 所示。
**步骤 5**：在雪克壶中倒入红石榴捣汁，再加入 3～5 粒冰粒、100 ml 的茶汤，加入红石榴糖浆，如图 7-4 所示。

图 7-1

图 7-2

图 7-3

(a)

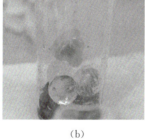

(b)

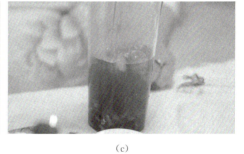

(c)

图 7-4

**步骤 6：摇制**　单手握紧雪克杯，利用腕力 S 形上下摇动均匀，如图 7-5 所示。

**步骤 7：** 在杯里放入红石榴粒铺底，将摇匀后的茶汤倒入半球形玻璃杯中，如图 7-6 所示。

饮品制作

图 7-5  (a)  (b)

图 7-6

**步骤 8**：把牛奶打泡，缓慢倒入杯中与茶汤融合，如图 7-7 所示。

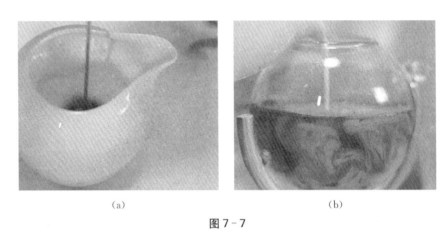

(a)  (b)

图 7-7

**步骤 9**：用半颗红石榴装饰，作品完成，如图 7-8 所示。

图 7-8

# 任务 8　茉莉花茶

## 一、无惑

> 不以物喜,不以己悲;
> 物来顺应,未来不迎;
> 当时不杂,既往不恋。

 **任务准备**

高脚杯、白云冻冰模型、玻璃盖碗、玻璃公道杯。
配料：茉莉花茶 20 g、蓝橙力娇酒 20 ml、砂糖。

 **调饮步骤**

（1）提前冰冻白云冰块。用酸奶、牛奶和水按 1∶1∶1 调配,倒入白云模型里,放入冰箱冰冻成形。
（2）在玻璃盖碗中放入茉莉花茶,用沸水冲泡,出汤备用。
（3）用蓝橙力娇酒和砂糖搅拌均匀放入高脚杯中,再把冻好的白云放入杯中摆好。
（4）把茶汤缓慢倒入杯中。作品完成！

 **制作过程**

**步骤 1**：备具完成后,行鞠躬礼,如图 8-1 所示。
**步骤 2**：置茶
**步骤 3**：在玻璃盖碗中放入茉莉花茶,用沸水冲泡,出汤备用,如图 8-2 所示。
**步骤 4**：将蓝橙力娇酒和砂糖搅拌均匀放入高脚杯中,再把冻好的白云放入杯中摆好,如图 8-3 所示。
**步骤 5**：把茶汤缓慢倒入杯中,如图 8-4 所示。作品完成,如图 8-5 所示。

饮品制作

图 8-1

图 8-2

图 8-3

图 8-4

图 8-5

# 任务9 中药养生茶

## 一、中老年保健药茶饮

在步入中老年之后,人们都十分注重对身体的保养。从以往单纯的锻炼身体到现在的饮食养生。在层出不穷的养生方式中,有一种既轻松又可以养生的方法——茶饮。

### 1. 五香奶茶(补脾益肾)

**配方** 牛奶200 ml、绿茶5 g、杏仁20 g、蜂蜜适量。

**做法**

① 杏仁研成细末,牛奶与绿茶熬制成奶茶。

② 将杏仁末放入奶茶中,加入适量蜂蜜即可饮用。

③ 每天一剂,不拘时间,代茶饮。

**茶疗功效** 牛奶具有补虚损、益肺养胃、生津润肠的功效;杏仁具有宣肺止咳、降气平喘、杀虫解毒的功效。

**健康叮嘱** 适宜营养不良、身体虚弱者饮用,也可作为中老年保健饮品。

### 2. 款冬百合茶(止咳止喘,润肺养阴)

**配方** 款冬花5 g,百合、花茶各3 g,生姜2 g,蜂蜜适量。

**做法**

① 先将百合、款冬花洗净放入锅中,生姜切成细丝备用。

② 锅内加水,煎煮15 min后,加入姜丝、花茶、蜂蜜,再煮5 min即可饮用。

③ 每天一剂,不拘时间,代茶饮。

**茶疗功效** 百合、款冬花是润肺、滋阴、止咳的良药,二者合用可以缓解肺阴虚久咳,对老年人或曾患肺结核起到增强免疫力的作用。

### 3. 甘草茶(镇痛镇咳,润肺解毒)

**配方** 甘草、菊花、绿茶各3 g,蜂蜜适量。

**做法**

① 将甘草、绿茶、菊花放入锅中煮5 min。

② 用茶漏滤取药汁,温热时放入适量蜂蜜即可饮用。

③ 每日一剂,不拘时间,频频温服。

**茶疗功效** 可和中缓急、润肺解毒,有抗炎、解毒、镇痛、镇咳、利尿的作用。

### 4. 菊花乌龙茶(抗菌消炎,清肝泻火)

**配方** 菊花 10 g,枸杞、乌龙茶各 3 g,蜂蜜适量。

**做法**

① 菊花、乌龙茶、枸杞洗净,放入锅中。

② 用热水冲泡 10 min 后,加入适量蜂蜜即可饮用。

③ 每日一剂,不拘时,频频温服。

**茶疗功效** 菊花具有疏风、清热、解毒、明目的功效,是临床常用疏风明目、清热解毒之药;乌龙茶有很好的抗炎和杀毒的功效。

### 5. 肉苁蓉茶(补肾益精,润燥滑肠)

**配方** 红茶 6 g,肉苁蓉 5 g,枸杞 3 g,蜂蜜适量。

**做法**

① 将肉苁蓉洗净,放入锅中加水煎煮。

② 用肉苁蓉的煎煮液冲泡红茶,温热时放入蜂蜜及枸杞,即可饮用。

③ 每天一剂,随时饮用。

**茶疗功效** 肉苁蓉具有补肾阳、益精血、润肠通便的功效;红茶具有利尿、消炎杀菌、提神的功效。

### 6. 莲子茶(养心安神,益肾固精)

**配方** 莲子 30 g,碧螺春 10 g,枸杞 5 g,蜂蜜适量。

**做法**

① 将茶叶用开水泡开后,去渣取汁。

② 将莲子用温水浸泡 2 h 后,加枸杞炖烂,倒入茶汁,加蜂蜜即可饮用。

**茶疗功效** 具有养老安神、益肾补脾的功效。碧螺春具有止渴生津、清热消暑、解毒消食、通便治痢、祛风解表的功效;莲子具有清心醒脾、补脾止泻、补中养神、健脾补胃、止泻固精的功效。

### 7. 白术菟茶(益养阳气,健脾补肾)

**配方** 白术、菟丝子各 5 g,乌龙茶 3 g,蜂蜜适量。

**做法**

① 将白术、菟丝子放入锅中煎煮,去渣取汁。

② 用药汁冲泡乌龙茶后,再加入蜂蜜即可饮用。

③ 每日一剂,不拘时间,随时饮用。

**茶疗功效** 白术具有健脾益气、润湿利水、止汗、安胎的功效;菟丝子具有补肾益精、养肝明目、固胎止泻的功效;乌龙茶具有提神益思、消除疲劳、生津利尿的功效;蜂蜜具有保护肝脏、补充体力、消除疲劳、增强抵抗力、杀菌的功效。

### 8. 刺五加茉莉花茶(润燥止咳,清热生津)

**配方** 刺五加、茉莉花、碧螺春各 5 g,蜂蜜适量。

**做法**

① 将刺五加、碧螺春、茉莉花放入锅中加水煎煮。

② 用茶漏滤去药汁后,加入适量蜂蜜即可饮用。

③ 每日一剂,不拘时间,随时饮用。

**茶疗功效**　具有润燥止咳、清热生津的功效。刺五加具有祛风湿的功效;茉莉花具有理气和中的功效。

**健康叮嘱**　适宜肾功能减弱、体质虚弱、气短乏力、神疲怠倦者饮用。

## 二、养颜瘦身　茶魅无限

### 1. 珍珠茶(延缓衰老,润肌泽肤)

**配方**　珍珠粉、碧螺春、枸杞各 5 g,蜂蜜适量。

**做法**

① 将碧螺春、枸杞放入杯中,用开水冲泡后,去渣取汁。

② 冲泡珍珠粉后,加入适量蜂蜜即可饮用。

③ 每日一剂,随时饮用。

**茶疗功效**　珍珠粉具有镇心安神、养阴息风、清热化痰、润泽肌肤、延缓衰老、解毒生肌的功效。

**健康叮嘱**　适宜面部发黄、惊悸者饮用。

### 2. 桂花润肤茶(强肌润肤,活血润喉)

**配方**　碧螺春 5 g,干桂花 3 g,蜂蜜、枸杞适量。

**做法**

① 将干桂花、枸杞、碧螺春混合,放入杯中。

② 用沸水冲泡,5 min 以后加入蜂蜜,即可饮用。

③ 每日一剂,随时代茶饮。

**茶疗功效**　干桂花具有活血润喉、化痰止咳的功效;枸杞具有养肝的功效;蜂蜜具有保护肝脏、强肌润肤等功效。

**健康叮嘱**　适宜皮肤干裂、声音沙哑者饮用,可作为秋冬干燥季节的润喉饮品。

### 3. 薏仁茶(淡化色斑,美白肌肤)

**配方**　薏仁 6 g,碧螺春 5 g,枸杞 3 g,蜂蜜适量。

**做法**

① 将薏仁、碧螺春、枸杞放入锅中,用水煎服。

② 用茶漏滤渣,温热时放入蜂蜜,即可饮用。

③ 每日一剂,分 2 次温服。

**茶疗功效**　薏仁具有淡化色斑、美白肌肤的功效;碧螺春具有止渴生津、祛风解表的功效。

**健康叮嘱**　适合皮肤有黑斑、雀斑以及暗黄者饮用,适合女性饮用。

### 4. 山楂荷叶茶(降压减肥,消脂化滞)

**配方**　山楂 15 g,荷叶 12 g,绿茶 5 g,蜂蜜适量。

**做法**

① 山楂、绿茶、荷叶煎煮。

② 用茶漏滤取汁后,加入适量蜂蜜,即可饮用。

③ 每日一剂,代茶频饮。

**茶疗功效**　山楂具有消脂化滞、降压减肥、活血散瘀、化痰行气的功效;绿茶具有止渴生津、清热消暑、解毒消食、通便治痢、祛风解表的功效;荷叶具有消暑利湿、健脾升阳、散瘀止血的功效。

5. 清宫减脂茶(降脂通络,治肥胖症)

**配方**　六安瓜片、荷叶、紫苏叶、山楂各 5 g,乌龙茶 3 g,蜂蜜适量。

**做法**

① 六安瓜片、荷叶、紫苏叶、山楂研磨成粉末。

② 将药末、乌龙茶放入杯中,用开水冲泡 5 min 后,加入蜂蜜即可饮用。

③ 每日一剂,不拘时,代茶饮。

**茶疗功效**　六安瓜片具有降脂通脉的功效;乌龙茶具有减肥的功效;荷叶具有散瘀止血的功效;紫苏叶具有行气宽中、和胃止呕的功效;山楂具有开胃消食、化瘀消积、活血化瘀的功效。

6. 山楂益母茶(清热化痰,活血降脂)

**配方**　山楂 30 g,益母草 8 g,碧螺春 3 g,枸杞、蜂蜜适量。

**做法**

① 将山楂、益母草、枸杞子洗净,用水煎煮,再放入碧螺春冲泡开。

② 用茶漏滤渣后,加入适量蜂蜜即可饮用。

③ 每日一剂,随时饮用。

**茶疗功效**　山楂具有消脂化滞、降压减肥、活血散瘀、化痰行气的功效;益母草具有活血、消水肿的功效;碧螺春具有止渴生津、清热消暑、解毒消食、通便治痢、祛风解表的功效。

7. 补血茶(滋阴调经,补血和血)

**配方**　黄芪 30 g,熟地黄 12 g,当归 6 g,红茶 3 g,蜂蜜适量。

**做法**

① 将当归、黄芪、熟地黄研成粉末备用。

② 将粉末和红茶放入杯中,用沸水冲泡 20 min 后,加入适量蜂蜜即可饮用。

③ 每日一剂。

**茶疗功效**　熟地黄不仅能养血滋阴,而且有补精益髓的功效,是补血好药,与当归、黄芪同用,是调补肝肾,补血调经的基本配方。

**健康叮嘱**　适宜月经不调、面色萎黄、心悸头晕者饮用,但胃虚弱、食少便溏者不宜饮用。

## 三、茶疗祛疾　健康常驻

1. 黄芩白芷茶(祛风止痛,清热燥湿)

**配方**　黄芩、白芷各 30 g,绿茶 20 g,蜂蜜适量。

**做法**

① 将黄芩、白芷研磨成细末,备用。

② 将药末放入杯中,加入绿茶,用热水冲泡 10 min 后,加入蜂蜜即可。

**茶疗功效**　黄芩具有抗菌、消炎的功效,主要用于缓解各种头痛,搭配同样善治眉棱骨痛的白芷,可增强本药茶燥湿镇痛的作用。

**健康叮嘱**　适宜三叉神经痛、湿热上蒸者饮用,且可用于中医辨证属湿热蕴痰型的高血压所致的头痛、头晕。但是脾胃虚寒者不宜服用。

### 2. 芝麻茶

**配方**　黑芝麻、红茶各 25 g,盐 3 g,枸杞 5 g。

**做法**

① 将黑芝麻炒香,磨细,加入适量水、盐,搅拌成芝麻酱。

② 在杯中放入红茶,用开水冲泡 5 min 后,倒入芝麻酱搅拌均匀,放入枸杞即可。

③ 每日一剂,随时饮用。

**茶疗功效**　黑芝麻具有润肠通便、补血生津的作用;红茶具有清头目、除烦渴、消食、利尿的作用。

**健康叮嘱**　本茶适宜老年人,以及产后、病后引起的便秘、痔疮患者饮用。但患有慢性胃炎、消化道溃疡等症者不宜饮用。

### 3. 杏仁蜜茶(止咳平喘,宣降肺气)

**配方**　苦杏仁 15 g,甘草 5 g,柠檬 2 片,蜂蜜、绿茶各适量。

**做法**

① 苦杏仁、甘草捣碎,放入杯中,加柠檬、绿茶。

② 用沸水冲泡 15 min 后,加蜂蜜即可饮用。

③ 每日一剂,次数不限。

**茶疗功效**　清香浓郁,甘甜爽口,具有宣降肺气、止咳平喘、清肺化痰的功效,对慢性支气管炎、痰少、咽燥舌干等症均具有很好的辅助治疗作用。

### 4. 百部生姜茶(降逆止咳,散寒宣肺)

**配方**　百部、生姜各 3 g,绿茶 2 g,蜂蜜适量。

**做法**

① 百部、生姜磨成粗末。

② 将药末置于杯中,加入绿茶,用热水冲泡 10 min 后,加入适量的蜂蜜即可饮用。

③ 每日 3 剂。

**茶疗功效**　百部具有良好的止咳作用;生姜发散风寒,温肺和胃,止咳化痰。两药合用,对咳逆不止起到辅助治疗作用。

**健康叮嘱**　适宜风寒咳嗽、头痛、发热者饮用,且可作为百日咳初期的辅助治疗饮品。但痰湿盛者不宜饮用。

### 5. 百药煎茶(散寒宣肺,降逆止咳)

**配方**　五倍子 300 g,茶叶、生姜各 6 g,蜂蜜适量。

**做法**

① 五倍子研磨成细末,生姜切丝。

② 将药末、生姜丝与茶叶一同放入杯中,用沸水冲泡 10 min 后,加入适量的蜂蜜即可饮用。

③ 每日 1 剂。

饮品制作

**茶疗功效** 本药品具有清热止咳之效。

### 6. 竹沥茶(宁心除烦,清热化痰)

**配方** 竹沥10 g、绿茶5 g、枸杞3 g、蜂蜜适量。

**做法**

① 鲜竹竿中部用火烤,流出的液汁即为竹沥。

② 将竹沥、绿茶、枸杞一同置于杯中,用温水冲泡10 min后,加适量蜂蜜即可饮用。

③ 每日2剂,随时饮用。

**茶疗功效** 竹沥具有清热化痰的作用,可以辅助治疗支气管扩张、支气管炎、肺炎等疾病引起的咳嗽。

**健康叮嘱** 适合咳嗽喘促、舌苔黄腻、小儿惊风者饮用。但是大便溏泄、寒性咳嗽者不宜饮用。

### 7. 牛蒡茶(排补平衡,降脂通便)

**配方** 牛蒡子8片、枸杞5 g、甘草3 g、黄茶3 g、蜂蜜适量。

**做法**

① 将牛蒡子、枸杞、甘草磨成药末。

② 将药末与黄茶一起放入杯中,用热水冲泡5 min即可饮用。

③ 每日一剂,不拘时。

**茶疗功效** 牛蒡子具有降脂通便、排补平衡的良好功效;枸杞具有养肝润肺、滋补肝肾、益精明目的良好功效。

**健康叮嘱** 适合患有便秘、糖尿病、高血脂、高血压、类风湿、肥胖、胆固醇等症者饮用。

### 8. 桑叶茶(清热明目,祛风解表)

**配方** 桑叶5 g、枸杞5 g、决明子3 g、绿茶3 g、蜂蜜、甘草适量。

**做法**

① 将桑叶洗净切碎,加入蜂蜜、枸杞、甘草、决明子、绿茶,和水拌匀于锅中。

② 用小火炒至不黏手为宜,取出放凉。每次取10 g,加水煎数分钟,取汁即可。

③ 每日1~2剂,代茶饮。

**茶疗功效** 具有疏散风热、清肺润燥、平肝明目的功效。桑叶对多种原因引起的高血糖可起到缓解作用。

**健康叮嘱** 适合患有咳嗽、少痰、咽痛等症者饮用,但风寒感冒引起的咳嗽、咳痰清晰者不宜服用。

### 9. 香苏茶(温胃和中,理气解表)

**配方** 制香附10 g、紫苏叶10 g、陈皮5 g、炙甘草3 g、黄茶3 g、蜂蜜适量。

**做法**

① 将制香附、紫苏叶、陈皮、炙甘草、黄茶研成粗末。

② 将药末放入杯中,用沸水冲泡10 min后,放入蜂蜜即可饮用。

③ 频频饮用,一日内饮尽。

**茶疗功效** 具有解毒祛暑、理气化痰、温胃和中的功效。紫苏叶性温,具有散寒发表的功效;陈皮理气化痰,调中和胃;甘草益气缓急。

## 四、四季茶饮 滋补养生

### 1. 蒲公英茶（消肿散结,清热解毒）

**配方** 蒲公英20 g,绿茶、枸杞各5 g,蜂蜜适量。

**做法**

① 将蒲公英、枸杞放入锅中,用水煎煮。

② 去渣取汁,用药汁冲泡绿茶,待温热时加入蜂蜜即可饮用。

③ 每日一剂,随时饮用。

**茶疗功效** 蒲公英清热解毒;绿茶止渴生津;枸杞具有养肝、润肺的功效;蜂蜜有保护肝脏、补充体力、消除疲劳等功效。

**健康叮嘱** 适合患有上呼吸道感染、眼结膜炎、流行性腮腺炎、乳痈肿痛等症者饮用。

### 2. 甘蔗红茶（清热生津,醒酒和胃）

**配方** 甘蔗500 g,枸杞、红茶各3 g,蜂蜜适量。

**做法**

① 甘蔗去皮切碎,榨汁。甘蔗汁与红茶放入锅中,用水煎煮。

② 去渣取汁,甘蔗红茶温热时放入适量枸杞、蜂蜜即可饮用。

③ 每日一剂,随时饮用。

**茶疗功效** 甘蔗具有清热生津、下气润燥、补肺益胃的功效;红茶具有利尿、消炎、杀菌、提神消疲的功效;枸杞具有养肝润肺、滋补肝肾的功效;蜂蜜具有保护肝脏、补充体力、消除疲劳等功效。

### 3. 升麻茶（解毒透疹,发表升阳）

**配方** 升麻10 g、红茶5 g、枸杞3 g、蜂蜜适量。

**做法**

① 将升麻、枸杞洗净,放入锅中,用水煎煮。

② 去渣取汁,用药汁冲泡绿茶,药茶温热时加入蜂蜜即可饮用。

③ 每日一剂,随时饮用。

**茶疗功效** 升麻具有发表透疹、清热解毒、生举阳气的功效;绿茶具有生津止渴、清热消暑、解毒消食的功效;枸杞具有养肝润肺、滋补肝肾、益精明目的功效;蜂蜜具有保护肝脏、补充体力、消除疲劳等功效。

### 4. 羌活茶（发散表寒,祛风除湿）

**配方** 羌活10 g、绿茶5 g、枸杞3 g、蜂蜜适量。

**做法**

① 将羌活、绿茶、枸杞放入锅中,用水煎煮。

② 去渣取汁,在茶温热时加入蜂蜜即可饮用。

③ 每日一剂,随时饮用。

**茶疗功效** 羌活具有解表、祛风湿、止痛的功效;绿茶具有止渴生津、清热解毒、解毒消食、通便治痢、祛风解表的功效;枸杞具有养肝润肺、滋补肝肾、益精明目的功效;蜂蜜具有保护肝脏、补充体力、消除疲劳、增加抵抗力等功效。

### 5. 升麻葛根茶（疏表清热，升阳举陷）

**配方** 升麻 5 g，葛根、白芍、绿茶、甘草各 3 g，蜂蜜适量。

**做法**

① 将升麻、葛根、白芍、甘草研成粗末。

② 将药末、绿茶一同放入杯中，用开水冲泡 10 min 后，加入蜂蜜即可饮用。

③ 每日一剂，随时饮用。

**茶疗功效** 升麻具有发表透疹、清热解毒、升举阳气的功效；葛根具有解表退热、生津透疹、升阳止泻的功效；白芍具有养血柔肝、缓中止痛、敛阴收汗的功效；绿茶具有止渴生津、清热消暑解毒、消食通便、治痢、祛风解表的功效。

### 6. 葛根茶（除烦止渴，升阳解肌）

**配方** 葛根 10 g、绿茶 5 g、枸杞 3 g、蜂蜜适量。

**做法**

① 将葛根、绿茶、枸杞放入锅中，用开水冲泡。

② 将药汁去渣，取汁后加入蜂蜜即可饮用。

③ 每日一剂，频频饮用。

**茶疗功效** 葛根具有解表退热的功效；绿茶具有止渴生津的功效；枸杞具有养肝润肺、滋补肝肾、益精明目的功效；蜂蜜具有保护肝脏等功效。

**健康叮嘱** 适宜患有高血压、高血糖、冠心病、心绞痛、神经性头痛等症者饮用。

### 7. 柠檬茶（健脾解暑，生津止渴）

**配方** 红茶 30 g、柠檬两片、甘草 5 g、蜂蜜适量。

**做法**

① 将柠檬、甘草一起放入锅中，用水煎煮。

② 去渣取汁，用药汁冲泡红茶后，加入蜂蜜即可饮用。

③ 每日一剂，随时饮用。

**茶疗功效** 柠檬具有化痰止咳、生津健脾的功效；红茶具有利尿、消炎、杀菌、提神消疲的功效。

**健康叮嘱** 适宜患有糖尿病、高血压、贫血、感冒、骨质疏松、风湿病、坏血病、肾结石等症者饮用。

### 8. 竹叶薄荷茶（消暑清热，利咽润喉）

**配方** 竹叶、薄荷各 5 g，绿茶 3 g，蜂蜜或白糖适量。

**做法**

① 竹叶、薄荷洗净，放入锅中，用水煎煮，去渣取汁。

② 用药汁冲泡绿茶后，加入蜂蜜或白糖即可饮用。

③ 每日一剂，随时饮用。

**茶疗功效** 具有清热消暑、利咽润喉的功效。竹叶具有清热除烦、生津利尿的功效；薄荷具有疏散风热、清利头目、利咽透疹、舒肝行气的功效；蜂蜜具有保护肝脏、补充体力、消除疲劳、增强抵抗力等功效。

### 9. 淡竹叶茶(止渴祛火,消暑清肺)

**配方** 淡竹叶30 g、绿茶15 g、生姜6 g、蜂蜜适量。

**做法**

① 将淡竹叶、生姜洗净,放入锅中,用水煎煮,去渣取汁。

② 用药汁泡绿茶,待温热时,再放入蜂蜜即可饮用。

③ 每日一剂,不拘时间饮用。

**茶疗功效** 淡竹叶具有甘淡渗利、性寒清降的功效;生姜具有开胃止呕、化痰止咳、发汗解表的功效;蜂蜜具有保护肝脏、补充体力、消除疲劳、增加抵抗力、杀菌的功效。

### 10. 西瓜石斛茶(清热解暑,除烦止渴)

**配方** 西瓜肉100 g、荷叶、石斛各5 g、绿茶3 g、蜂蜜适量。

**做法**

① 将西瓜肉、荷叶、石斛洗净,放入锅中,用水煎煮,去渣取汁。

② 用药汁冲泡绿茶,加入蜂蜜即可饮用。

③ 每日一剂,不拘时随时饮用。

**茶疗功效** 西瓜肉具有清热解暑、利小便、解酒的功效;荷叶具有消暑利湿的功效;石斛具有益胃生津、滋阴温热的功效;绿茶具有止渴生津的功效。

### 11. 天花粉茶(生津止渴,降火润燥)

**配方** 天花粉10 g、绿茶5 g、甘草3 g、蜂蜜适量。

**做法**

① 将天花粉、甘草洗净,放入锅中,用水煎煮,去渣取汁。

② 用药汁冲泡绿茶后,加入蜂蜜即可饮用。

③ 每日一剂,随时饮用。

**茶疗功效** 天花粉具有清热泻火、生津止渴、排脓消肿的功效;绿茶具有止渴生津、清热消暑解毒、消食通便、治痢、祛风解表的功效;甘草具有补脾益气、清热解毒、祛痰止咳、缓急止痛、调和诸药的功效。

### 12. 苹果陈皮茶(降火润燥,解暑开胃)

**配方** 陈皮5 g、苹果1个、绿茶3 g、蜂蜜适量。

**做法**

① 将苹果去皮切小丁,与陈皮、绿茶一同放入锅中,用水煎煮。

② 用茶漏滤取药汁后,加入蜂蜜即可饮用。

③ 每日一剂,随时饮用。

**茶疗功效** 苹果具有生津润燥、健脾益胃、养心的功效;陈皮具有理气健脾、调中、润湿、化痰的功效;绿茶具有生津止渴、清热消暑、解毒、消食通便、治痢、祛风解表的功效;蜂蜜具有保护肝脏、补充体力、消除疲劳、增强抵抗力、杀菌的功效。

### 13. 菊花茶(祛暑提神,明目清火)

**配方** 菊花9 g,黄山毛峰5 g,枸杞、蜂蜜各适量。

**做法**

① 将菊花、枸杞洗净,放入锅中用水煎煮,去渣取汁。

② 用药汁冲泡黄山毛峰后,加入适量蜂蜜即可饮用。

③ 每日一剂,随时饮用。

**茶疗功效** 菊花具有散风清热、平肝明目的功效;黄山毛峰具有止渴生津、清热消暑、解毒消食、通便治痢、祛风解表的功效;枸杞具有养肝润肺、滋补肝肾、益精明目的功效;蜂蜜具有保护肝脏、补充体力、消除疲劳、增强抵抗力、杀菌的功效。

### 14. 梨冬茶(清除肺热,止咳化痰)

**配方** 麦门冬 5 g,绿茶、蜂蜜各 3 g,雪梨 1 个。

**做法**

① 将雪梨去皮切块,用水煎煮雪梨块、麦门冬后,去渣取汁。

② 用药汁冲泡绿茶后,加入蜂蜜即可饮用。

③ 每日一剂,随时饮用。

**茶疗功效** 雪梨具有生津润燥、清热化痰的功效;麦门冬具有滋阴润肺、益胃生津的功效;绿茶具有止渴生津、消热清热消暑、解毒消食的功效;蜂蜜具有保护肝脏、补充体力等功效。

### 15. 川贝茶(化痰止咳,清肺润肺)

**配方** 绿茶、川贝母各 6 g,生姜 3 g,蜂蜜适量。

**做法**

① 将川贝母、生姜分别洗净,放入锅中用水煮,去渣取汁。

② 用药汁冲泡绿茶后加入蜂蜜即可饮用。

③ 每日一剂,不拘时间饮用。

**茶疗功效** 川贝母具有清热润肺、化痰止咳的功效;绿茶具有止咳生津、清热消暑、解毒消食、通便治痢的功效;生姜具有开胃止呕、化痰止咳、发汗解表的功效;蜂蜜具有保护肝脏、补充体力、消除疲劳、增强抵抗力、杀菌的功效。

### 16. 荷叶翘苓茶(健脾除湿,清除秋暑)

**配方** 绿茶、荷叶各 5 g,连翘、茯苓、陈皮、佩兰各 3 g,蜂蜜适量。

**做法**

① 将荷叶、连翘、茯苓、陈皮、佩兰置于锅中,用水煎煮后去渣取汁。

② 用药汁冲泡绿茶,加入蜂蜜即可饮用。

③ 每日一剂,随时饮用。

**茶疗功效** 荷叶具有消暑利湿、健脾升阳、散瘀止血的功效;连翘具有清热解毒、散结消肿的功效;茯苓具有渗湿利水、健脾和胃、宁心安神的功效;陈皮具有理气健脾、调中燥湿、化痰的功效;佩兰具有芳香化湿、醒脾开胃、发表解暑的功效。

### 17. 杜仲茶(增强免疫,补肾降压)

**配方** 杜仲、生姜各 6 g,红茶 5 g,蜂蜜适量。

**做法**

① 将杜仲、红茶、生姜放入锅中,用水煎煮。

② 用茶漏滤取药汁,加入蜂蜜即可饮用。

③ 每日一剂,不拘时间饮用。

**茶疗功效**　杜仲具有补肝肾的功效;红茶具有利尿的功效;生姜具有开胃止呕的功效;蜂蜜具有保护肝脏等功效。

**健康叮嘱**　适宜腰脊酸痛、足膝萎弱、小便余沥者,以及高血压、心血管疾病患者饮用。

## 18. 香朴茶(调和脾胃,散寒运湿)

**配方**　香薷5 g,厚朴、白扁豆、茯神、甘草、红茶各3 g。

**做法**

① 将香薷、厚朴、白扁豆、茯神、甘草洗净,放入锅中煎煮。

② 去渣取汁,用药汁冲泡红茶即可。

③ 每日一剂,不拘时间饮用。

**茶疗功效**　具有调和脾胃、散寒祛湿的功效。茶中的香薷具有发汗解暑的功效;厚朴具有行气消积的功效;白扁豆具有补脾和中的功效;茯神具有宁心、安神、利水的良好功效。

# 附录  任务评价

| 序号 | 项目 | 分值分配 | 要求和评分标准 | 扣分标准 | 扣分 | 得分 |
|---|---|---|---|---|---|---|
| 1 | 创新创意 20 分 | 15 | 饮品有创意，具有原创性，意境美好 | （1）非原创无创新性，扣 4 分<br>（2）尚有创意，欠合理，扣 2 分<br>（3）尚有创意，扣 1 分 | | |
| | | 5 | 主题鲜明，立意新颖 | （1）主题与作品呈现不符，扣 3 分<br>（2）主题立意欠新颖，扣 1 分 | | |
| 2 | 礼仪仪表仪容 5 分 | 2 | 发型、服饰简练得体 | （1）着装欠干净、整洁自然，扣 0.5 分<br>（2）头发披散或凌乱，扣 1 分<br>（3）其他因素扣分 | | |
| | | 1 | 形象自然、得体 | （1）手部有明显污渍，扣 0.5 分<br>（2）手指甲过长，扣 0.5 分<br>（3）其他因素扣分 | | |
| | | 2 | 动作、手势、站立姿态自然得体 | （1）站姿欠端正，扣 0.5 分<br>（2）操作过程中有撩头发等多余动作，扣 1 分<br>（3）其他因素扣分 | | |
| 3 | 饮品调制技能 20 分 | 5 | 操作有顺序，流畅，调制手法干净、利索、熟练 | （1）操作过程欠顺畅，扣 0.5 分<br>（2）操作过程完整，但动作紧张无序，扣 0.5 分<br>（3）操作中物件落地 1 次，扣 1 分<br>（4）操作过程中物件落台一次，扣 1 分<br>（5）其他因素扣分 | | |
| | | 5 | 卫生安全，符合健康要求 | （1）操作过程中未戴手套拿取食物，扣 0.5 分<br>（2）食物准备不符合食品安全要求，扣 1 分<br>（3）使用禁止原料（植脂末、香精），扣 3 分<br>（4）使用名贵药材，扣 3 分<br>（5）其他因素扣分 | | |
| | | 3 | 器具保持干净、整齐 | （1）器具摆放凌乱，扣 1 分<br>（2）台面上有较多水渍，扣 1 分<br>（3）倒原料时，每漏一滴，扣 0.5 分<br>（4）器具上水渍较多，扣 0.5 分<br>（5）其他因素扣分 | | |

续 表

| 序号 | 项目 | 分值分配 | 要求和评分标准 | 扣分标准 | 扣分 | 得分 |
|---|---|---|---|---|---|---|
| | | 2 | 材料使用完毕复归原位 | (1) 器具使用后未放回原位,扣 0.5 分<br>(2) 器具摆放欠合理,扣 0.5 分<br>(3) 器具摆放不合理,扣 0.5 分<br>(4) 其他因素扣分 | | |
| | | 5 | 严格按照规定配调制饮品 | (1) 未能按照规定材料配制,扣 5 分 | | |
| 4 | 饮品品评 40 分 | 15 | 饮品整体视觉呈现度 | (1) 饮品整体视觉欠美观,扣 1 分<br>(2) 饮品量过多(溢出杯沿)或偏少(少于 9 分满),扣 2 分<br>(3) 饮品色泽欠均匀,有杂色,扣 2 分<br>(4) 杯底有沉淀物,扣 2 分<br>(5) 其他因素扣分 | | |
| | | 25 | 平衡度(浓度、滋味、甜度、酸度) | (1) 茶和原料的平衡度欠佳,扣 2 分<br>(2) 酸甜度平衡度欠佳,扣 1 分<br>(3) 香味浓度稍淡或稍浓,扣 2 分<br>(4) 有异味、杂味,扣 3 分<br>(5) 饮品饱满度欠佳水味重,扣 2 分<br>(6) 其他因素扣分 | | |
| 5 | 文本 5 分 | 5 | 文本阐释有内涵、准确,能让人理解作品的意义 | (1) 文本阐释无深意、无新意,扣 1 分<br>(2) 无文本,扣 1 分<br>(3) 讲解阐述不清楚作品含义,扣 2 分<br>(4) 其他因素扣分 | | |
| 6 | 时间 10 分 | 10 | 在 25 min 内完成饮品制作(不含呈现作品和收具时间) | (1) 超时 3 min(含)以内,扣 2 分<br>(2) 超时 3 min 以上,扣 4 分<br>(3) 其他因素扣分 | | |

# 模块三　咖啡与调饮

## 项目六　咖啡基础知识

素养目标

1. 培养对咖啡的兴趣和热爱,感受咖啡文化的魅力。
2. 增强对不同文化的理解和包容,认识咖啡在全球文化交流中的重要作用。
3. 培养审美情趣,欣赏咖啡的艺术价值和品质。

# 任务1 认识咖啡

 学习目标

1. 了解咖啡的起源、种类、种植区域和主要生产国,能够准确识别不同种类的咖啡豆。
2. 掌握咖啡的烘焙程度及其对风味的影响,学会区分浅烘、中烘和深烘咖啡。
3. 熟悉咖啡的冲泡方法,如咖啡机制作、手冲、虹吸等,能够根据不同的需求选择合适的冲泡方式。

 任务描述

现需要你了解咖啡的历史知识和基础知识,能说出咖啡的分类,进而能解答顾客有关咖啡基础知识的问题。

 任务分析

本次任务的学习重点是咖啡的分类;学习难点是咖啡烘焙程度的划分,以及根据不同烘焙程度制作不同的咖啡。

 任务实施

咖啡(coffee)是用经过烘焙磨粉的咖啡豆制作出来的饮料,与可可、茶并称为全球三大饮料。"咖啡"一词源自阿拉伯语,意思是"植物饮料"。在世界各地,人们越来越爱喝咖啡,随之而来的咖啡文化充满生活的每个时刻。

## 一、咖啡的由来

咖啡的由来,流传着多个版本,流传最为广泛的是如下两个故事。
相传在6世纪末,一位埃塞俄比亚的牧羊人,放牧时看到每只山羊都显得无比兴奋,雀

跃不已。他觉得很奇怪,经过细心观察发现,这些羊是吃了某种红色果实才会兴奋。他好奇地尝了一些,发觉这些果实非常香甜美味,食后自己也觉得精神非常爽快。

从此,人类食用咖啡果的历程就这样开启了。当地的人们还发现,用水煮咖啡果制成的饮料能有效提神解渴。

多年以后,在偶然的山火中,咖啡树林被烧毁。当人们砸开被烧焦的咖啡果实时,竟发现醇厚的香气扑面而来。他们尝试着用水冲泡这些砸碎的烧焦颗粒,却惊喜地发现:冲泡而得的液体香醇可口、令人愉悦。从此,人类对咖啡果实的利用从咖啡生豆时代进入到了咖啡熟豆时代。

相传在1825年,阿拉伯半岛的守护圣徒西库阿·卡尔第有一个弟子,名叫西库·奥玛尔。有一天,走累的西库·奥玛尔在一棵树下睡着了,被一只小鸟清脆的叫声惊醒。原来是小鸟在欢快地啄食枝头上的小红果。他好奇地捡起落在地上的小红果吃起来,发现酸甜可口。不一会儿,就觉得疲惫尽消、神清气爽。他采下一些小红果,遇到生病或精神不振的人时,就用这些神奇的果子煮水给他们喝。这种小红果子就是今天的咖啡果。

## 二、咖啡的传播

### 1. 咖啡在全球的传播

咖啡有着重要的经济价值,在历史上,咖啡种植国都将这一重要的商品保护起来不让其外流。在奥斯曼帝国兴起的过程中,伊斯兰国家将咖啡控制了很多年,并成功地封锁了与欧洲的贸易。印度尼西亚的咖啡种子最早由荷兰海员在17世纪初从非洲走私带入,荷兰人也是将咖啡运往欧洲的主要运输者。他们一般是从两个港口,即也门的穆哈港(Moka 或 Mocha)和印度尼西亚的爪哇岛(Java),将绿色的咖啡豆运往欧洲。

于是,世界上最早的混合咖啡摩卡爪哇咖啡便应运而生。一位往返于奥斯曼与奥地利军队的信使,熟悉奥斯曼语言和习俗。在两国的冲突结束后,奥斯曼人留下了数百袋烘焙过的咖啡。而信使是唯一知道怎么运用这些咖啡的人。于是,凭着这些咖啡战利品和相关的知识,他在奥地利开辟了第一家咖啡店——蓝瓶咖啡馆。如今,在中国已经有多家加盟店,叫做蓝樽咖啡。

随后,咖啡馆开始陆续在维也纳,在整个欧洲,最后在全世界涌现。随着咖啡消费热潮的不断高涨,欧洲开始进口咖啡。英国的第一家咖啡馆于1650年在牛津开业。两年后,咖啡馆开始在伦敦出现。到了1888年,日本也开了第一家咖啡馆。

法国和葡萄牙也开始把咖啡输入殖民地国家并在那些地方种植。法属西印度群岛就是西半球最早种植咖啡树的地区。由于拥有大量适合种植咖啡的肥沃土地,巴西引入咖啡树,最早在巴西种植的咖啡树品种叫做波本。

### 2. 咖啡在我国的传播

1884年,台湾种植首次获得成功,从此中国有了咖啡树。大陆的咖啡种植则始于云南,1902年一个法国传教士从印贡引进种子,在云南宾川县位于金沙江支流渔泡江沿岸的朱苦拉种植成功。云南咖啡的商业化种植始于1985年,但发展缓慢。1995年云南省政府把云南咖啡种植正式列入"18"工程,咖啡种植得到迅速发展,现云南已成为中国唯一的优质咖啡原料基地,面积产量均占全国的95%。

### 三、咖啡主产地

咖啡树生长需要独特的环境,主要在亚热带地区,且多数为海边的山地。从南美洲到印度,从非洲、阿拉伯到印度尼西亚,每个咖啡种植地区都具备了气候温和、湿度适中这些特征。越是靠近赤道,咖啡种植地区海拔就会越高,因为咖啡树特别需要温和的气候。山地高度的差异也造就了风味各异的咖啡品种。

中美洲的火山型山地分裂成安第斯山脉和科迪乐拉山系后,一直延续到南美洲。这些古老火山周围的土壤中矿物质极为丰富。在远离赤道的地区,咖啡生长地的海拔相对较低些,大量的阔叶林为咖啡树遮挡过量的阳光照射。因此,中南美洲合起来就成为世界上最大的咖啡生产地区,其中巴西不管是种植量还是出口总量均居首位。同样,在牙买加、波多黎各这些多山的加勒比岛国,咖啡的种植也很普遍。埃塞俄比亚的咖啡种植区哈拉尔涵盖了6个活火山,绵延100 km,土壤中的矿物质十分丰富。在肯尼亚,多数咖啡树都种植在肯尼亚山脉的坡地上。东非是咖啡的发源地,位于热带的西非也种植咖啡。从埃塞俄比亚穿过红海,阿拉伯半岛上的也门同样盛产咖啡。印度尼西亚的3个岛屿(爪哇、苏拉威西、苏门答腊)也因其咖啡品质而著称。另外,中国的海南省和云南省、东南亚以及诸如夏威夷这样的太平洋岛屿也种植咖啡。

### 四、咖啡豆的基础知识

#### (一)咖啡豆的分类

咖啡豆是烘焙后的咖啡果种子,是咖啡行业的重要原材料之一。咖啡豆的分类方法有多种,最常见的是按咖啡豆的种类、产地、烘焙程度来分类。

##### 1. 按照咖啡豆种类

目前全世界已知的咖啡树有数十种,市场流通的主要是3类——阿拉比卡、罗布斯塔和利比里亚种。因为品质和产量的因素,又以前两种最常见。

(1)阿拉比卡(Arabica)  又称阿拉伯品种,原产自阿拉伯半岛,其咖啡因含量为1%~1.7%,只有罗巴斯达种的一半,因此也较为健康。其分支包括第皮卡、波本、牙买加蓝山等。阿拉比卡多生长在海拔900~2 000 m的高度之间;较耐寒,适宜的生长温度为15~24℃;需较大的湿度;同时,对栽培技术和条件的要求也较高,不过由于其具有生长速度快、品质细腻、风味浓醇等特点,一直是世界产销量最大的品种,约占全世界产量的70%。

阿拉比卡咖啡最大的产地是南美地区。巴西、哥伦比亚、牙买加等是全世界最主要的咖啡产地,所出产的品种就是阿拉比卡。另外在埃塞俄比亚、坦桑尼亚、安哥拉、肯尼亚、巴布亚新几内亚、夏威夷、菲律宾、印度、印度尼西亚等地也有大面积种植。阿拉比卡咖啡最大的产地是南美地区。

(2)罗巴斯达(Robusta)  原产地为非洲刚果,有较强的苦味,香味差,无酸味,其风味比阿拉比卡种苦涩,品质上也逊色许多,再加上价格低廉,所以大多用来制造速溶咖啡或拼配咖啡。罗巴斯达的咖啡因含量为2%~4.5%,约为阿拉比卡种咖啡的2倍。罗巴斯达多种植在海拔200~600 m的低地,喜欢温暖的气候,温度以24~29℃为宜,对降雨量的要求并不高。但是该品种要靠昆虫或风力传授花粉,所以,咖啡从授粉到结果要9~11个月的时间,相比阿拉比卡种要长。

罗巴斯达主要种植于东南亚地区、非洲中西部地区以及巴西地区,目前产量约占世界总产量的1/3。由于该品种对环境适应力强,不易受病虫害侵袭,易于管理,价格低廉,因此产量有逐年增长的趋势。

(3) 利比里亚(Liberia) 产地是非洲的利比里亚,它的栽培历史比其他两种咖啡树短,所以栽种的地方仅限于利比里亚、苏里南、圭亚那等少数几个地方,因此产量不到全世界产量的5%。利比里亚咖啡适合低地种植,所产的咖啡豆具有极浓的香味及苦味,品质较前两种咖啡都逊色不少。

2. 按产地分类

按产地可以分为非洲咖啡豆、亚洲咖啡豆、南美洲咖啡豆和欧洲咖啡豆。非洲咖啡豆以肯尼亚、埃塞俄比亚和坦桑尼亚等国家为代表,亚洲咖啡豆以印度、印尼、伊朗等国家为代表,南美洲咖啡豆以巴西为代表,欧洲咖啡豆以意大利、西班牙和法国等国家为代表。

3. 按照烘焙程度

咖啡豆烘焙的目的是:将热量传递到咖啡豆,引发一系列的化学反应后形成可以消费的成品。咖啡豆烘焙方法上的差异会极大地影响到咖啡的口感。如果烘焙的时间不够或温度太低,咖啡豆的香味就会丧失;如果烘焙的时间太长或温度太高,咖啡豆的外部又会被烤焦。

按烘焙程度,可以大致将咖啡豆分为浅烘、中烘和深烘。浅烘咖啡口感清淡,适合冲泡咖啡;中烘咖啡口感浓郁,适合制作拿铁等咖啡饮品;深烘咖啡口感苦涩,适合制作浓缩咖啡和卡布奇诺等咖啡饮品。专业的咖啡烘焙方式通常分为8个阶段,见表1-1。

表1-1 咖啡烘焙方式

| 咖啡豆 | 阶段 | 特点 | 适用 | 程度 |
| --- | --- | --- | --- | --- |
| ● | 极浅 | 最轻度的煎焙,无香味及浓度可言 | 试验用 | 轻 |
| ● | 浅 | 为一般通俗的煎焙程度,留有强烈的酸味。豆子成肉桂色 | 为美国西部人士所喜好 | |
| ● | 微中 | 中度煎焙。香醇、酸味可口 | 主要用于混合式咖啡 | 中度 |
| ● | 中 | 有苦味,适合蓝山及乞力马扎罗等咖啡 | 为日本、北欧人士喜爱 | 中度(微深) |
| ● | 中深 | 苦味较酸味更浓,适合哥伦比亚及巴西的咖啡 | 深受纽约人士喜爱 | 中度(深) |
| ● | 深 | 适合冲泡冰咖啡。无酸味,以苦味为主 | 用于冰咖啡,也为中南美人士饮用 | 微深度 |
| ● | 极深 | 苦味强劲,色泽略带黑色 | 用于蒸汽加压器煮的咖啡 | 深度(法国式) |
| ● | 极深 | 色黑,表面泛油 | 意大利式蒸汽加压咖啡用 | 重深度(意大利式) |

(1) 极浅烘焙(light roast)  烘焙程度:极浅度烘焙,又名浅烘焙。所有烘焙阶段中最浅的烘焙度,咖啡豆的表面呈淡淡的肉桂色,其口味和香味均不足,此状态几乎不能饮用。一般用在检验上,很少用来品尝。

(2) 浅烘焙(cinnamon roast)  烘焙程度:浅度烘焙,又名肉桂烘焙。一般的烘焙度,外观上呈现肉桂色,臭青味已除,香味尚可,酸度强,为美式咖啡常采用的一种烘焙程度。

(3) 微中烘焙(medium roast)  烘焙程度:中度烘焙,又名微中烘焙。中度的烘焙火候和浅烘焙同属美式,除了酸味外,苦味亦出现了,口感不错。香度、酸度、醇度适中,常用于混合咖啡的烘焙。

(4) 中烘焙(high roast)  烘焙程度:中度微深烘焙,又名浓度烘焙。较微中烘焙度稍强,表面已出现少许浓茶色,苦味亦变强了。咖啡味道酸中带苦,香气及风味皆佳,为日本、北欧人士所喜爱。

(5) 中深烘焙(city roast)  烘焙程度:中深度烘焙,又名城市烘焙。最标准的烘焙度,苦味和酸味达到平衡,常被使用于法式咖啡。

(6) 深烘焙(full-city roast)  烘焙程度:微深度烘焙,又名深层次烘焙。较中深烘焙度稍强,颜色变得相当深,苦味较酸味强,属于中南美式的烘焙法,极适用于调制各种冰咖啡。

(7) 极深烘焙(French roast)  烘焙程度:深度烘焙,又名法式烘焙或欧式烘焙。属于深度烘焙,色呈浓茶色带黑,酸味已感觉不出。在欧洲尤其以法国最为流行。因脂肪已渗透至表面,带有独特香味,很适合咖啡欧蕾、维也纳咖啡。

(8) 极深烘焙(Italian roast)  烘焙程度:极深度烘焙,又名意式烘焙。烘焙度在碳化之前,有焦糊味,主要流行于拉丁国家,适合速溶咖啡及卡布基诺。多数使用在意式浓缩(espresso)系列咖啡上。

# 任务2 影响咖啡质量的因素

学习目标

1. 掌握水温对咖啡质量的影响。
2. 掌握水质对咖啡质量的影响。
3. 掌握咖啡粉用量对咖啡质量的影响。
4. 掌握萃取时间对咖啡质量的影响。

任务描述

现需要你掌握咖啡制作过程中影响咖啡最终品质的原因,进而能判断并解决成品咖啡质量的问题。

本次任务的学习重点是影响咖啡品质的因素;学习难点是分析找出影响咖啡品质的因素并调整。

任务实施

咖啡品质好坏取决于多种因素,其中咖啡豆的新鲜程度至关重要。咖啡豆的新鲜程度可以依据烘焙后存放的时间和研磨后存放的时间来判断。很明显,高品质的咖啡豆(可以依据其品种、烘焙加工方法等来判断)自然受欢迎。但是咖啡一旦走味,再高品质的咖啡豆也是废物。好的咖啡必须用干净且口感较好的水煮制。干净的设备、恰当的温度、合理的煮制时间都是调制一杯香浓美味咖啡的必备条件。

仅仅有高品质的咖啡豆还不足以制作出美味的咖啡。如果咖啡豆保管不善走了味,水质不好,煮制温度过低,又或者咖啡制作设备不干净,这就等于是在那些昂贵的咖啡豆上浪费钱。不管用什么方法煮制咖啡,其目的就是要实现咖啡的浓度和液体量之间的平衡。如咖啡中水的比重超出了合适的范围，咖啡味道不是太淡，就是太浓。最常见的原因就是水和研磨咖啡粉的比例不正确。然而，萃取的咖啡可溶物质的质量又取决于另外一个因素——液体量。如果萃取的成分太少（由于研磨粉太粗或者水与咖啡接触的时间太短），咖啡就会失去基本的味道；如果萃取的成分太多（由于咖啡研磨得太细或者咖啡与水接触的时间太长），制作出的咖啡就会有苦味。

### 1. 水温要求

制作咖啡的水温非常重要，影响咖啡液体的风味、浓度以及咖啡机的流速。煮制咖啡理想的水温也是由多种因素决定的，包括采用的咖啡品种、咖啡机的流速，最重要的还是个人的口感。一般而言，专业咖啡师更倾向于水温在85～95℃。

美国特种咖啡协会（Specialty Coffee Association of America，SCAA）规定：煮制咖啡的水温应该在92～96℃。不能先将水煮沸再降至合适的温度，因为沸腾的热水喝起来索然无味。如果水太凉，咖啡就有酸味，而且萃取也不彻底。煮制期间的温度变化范围只有几摄氏度，否则咖啡萃取不充分。设备本身吸热也会导致水温不够。因此，提前预热设备或者确保设备有良好的保温效果都可以较好地解决煮制时水温不够的问题。

### 2. 水质要求

煮制出的咖啡中水分占98%。水的质量在很大程度上会影响到咖啡的口感，只能使用口感好而且能直接饮用的水。最好用过滤过的自来水或者瓶装水煮制。千万不要把蒸馏水当成过滤水。蒸馏水缺少可以增强口感的矿物质。而且煮制咖啡的水必须是新鲜的冷水，存放时间太长或者是先加热后冷却的水，缺乏一些对于水的口感十分重要的成分。

### 3. 咖啡粉的用量

一标准杯咖啡的用水量为177 ml（6盎司）。美国特种咖啡协会要求每177 ml水量所需的标准咖啡粉量是10 g。由于研磨过的咖啡粉会吸收少量水，因此煮制的一杯咖啡大约为148 ml（5盎司）。

在欧洲，咖啡与水的比例是一样的，即每126 ml（4.25盎司）水配7 g咖啡粉。如果按照177 ml水配10 g咖啡粉煮制的咖啡味道太浓，可以适当减少咖啡的用量。

### 4. 咖啡萃取时间

咖啡的萃取时间与咖啡研磨粉的粗细有直接的联系，即咖啡的粉粒越细，萃取的时间就越短。法式压泡咖啡（French press coffee）萃取的时间最长，咖啡与水接触达4 min。因此，法式压泡咖啡所采用的咖啡粉粒是最粗的。如果使用精细咖啡粉，浸泡的时间就应该缩短。而意式浓缩咖啡与水的接触时间最短，大约只需25 s，其咖啡粉粒是最细的。

煮制咖啡时，影响咖啡风味的咖啡因首先被萃取出来。如果由于粉粒较粗而与水接触的时间过长，咖啡中一些其他的成分就开始释放，导致咖啡喝起来有苦味。同样，如果咖啡粉粒大小与煮制的时间不匹配，萃取的有益成分太少，又会使咖啡缺乏风味，趋于平淡。

# 任务3 咖啡制作常用工具

学习目标

1. 了解咖啡制作常用工具的种类和功能。
2. 掌握不同工具的正确使用方法。
3. 能够根据需要选择合适的咖啡制作工具。

任务描述

现需要你熟悉掌握咖啡制作常用工具,包括但不限于咖啡机、磨豆机、手冲壶等。学习每种工具的使用方法和注意事项。能够简单处理咖啡制作过程中遇到的问题。

本次任务的学习重点是咖啡制作常用工具性能特点和使用方法;学习难点是咖啡常用工具的工作原理。

咖啡器具是咖啡制作的必备工具,不同的咖啡器具能够制作出不同口感的咖啡。

## 一、咖啡机

### 1. 半自动咖啡机

意式半自动咖啡机最开始叫半自动咖啡机,一般简称为意式咖啡机。这种机器最初依照人工操作磨粉、压粉、装粉、冲泡、人工清除残渣来完成制作,如图3-1所示。发展到今天,意式咖啡机也已经全自动化。

通常用锅炉烧水,热水加压到约9个大气压后,流经金属滤器内的粉状咖啡。此种压热水冲煮出的咖啡较一般的浓厚,且会有乳化的油脂,通常称为意式咖啡或浓缩咖啡。

图 3-1

意式咖啡机分很多种,一般商业用最普通的单锅炉。还有双锅炉、多锅炉的,当然价格也略贵。除了一般的电子控制开关,还有拉拔式的意式咖啡机,种类繁多。

2. 全自动咖啡机

自动咖啡机指的是只需按下按钮便可以制作出一杯咖啡的机器,实现了从咖啡豆磨粉到热水冲煮出咖啡的全过程自动化,如图 3-2 所示。

全自动咖啡机是整个咖啡机行业里发展最快的。从 1999 年 GAGGIA 发布了第一台能制作意式浓缩咖啡的全自动咖啡机,各个不同的咖啡机厂商都在致力于研究开发,其功能不断完善,已经有能加热牛奶并按比例配在咖啡里的高端机型面市。好的全自动咖啡机制作出来的咖啡完全可以和商用专业机相媲美。

3. 虹吸壶

虹吸壶的构造略显复杂,由上壶、下壶、滤网(冲泡时安置于上壶的底部)与支架(用于固定下壶)组成,如图 3-3 所示。上壶略呈锥状,下缘的细管可深入下壶。冲泡时,滤网置于上壶的底部,即细管的上方。一般而言,火源有两种,即酒精灯与电热式。由于虹吸壶无法放在煤气炉上,因此,有些咖啡馆选择安装固定的煤气火源,以提高冲煮的效率。

图 3-2        图 3-3

虹吸壶主要是利用蒸汽压力,将下壶中加热的水由虹吸管和滤网推升到上壶,与上壶中的咖啡粉混合,并冲煮,从而将咖啡粉中的成分完全萃取出来。萃取完成后,移开火源。随着温度逐渐降低,下壶呈半真空状态,失去上扬推力。于是,下壶又把上壶的咖啡液吸下来,通过中间的滤网,咖啡粉被阻挡在上壶的滤布上,萃取完成。

虹吸壶的最大特点是,下壶推升到上壶的水的温度,可运用炉火控制技巧,保持在低温的 86～92℃或高温的 88～94℃之间。前者是泡煮深烘焙豆的较佳的水温范围;后者是泡煮浅中烘焙时的较佳水温范围。烘焙度较深的咖啡豆,水温过高,则冲煮出来的咖啡苦涩味太重;烘焙度较浅的咖啡豆,水温偏低,则冲煮出来的咖啡酸味明显,难以适口。萃取温度容易控制,泡煮品质相对于手冲,更为稳定。

### 4. 摩卡壶

一个世纪前,半自动意式机还没有发明出来,当时的高压蒸汽意式机成本高,操作难。在 1933 年,家用摩卡壶(Moka Pot)应运而生,如图 3-4 所示。它的发明者是意大利人 Bialetti。摩卡壶是为意大利家庭妇女研发的一种家用冲煮牛奶咖啡的工具。意大利 90% 的家庭都拥有摩卡壶。虽然从严格意义上讲,由摩卡壶制作出来的咖啡,不能算是浓缩萃取,更接近于滴漏式,但其咖啡的浓度和风味仍非常吸引人。

摩卡壶是最简单的家庭咖啡制作工具,制作出来的经典意式香浓咖啡就是摩卡壶浓香咖啡。摩卡壶呈上下结构,不透明。下壶盛水,中间放粉,上壶可获得最终的咖啡。摩卡壶就是利用蒸汽的高压力来萃取咖啡。

### 5. 手冲咖啡壶

手冲咖啡即 pour over,意思是倒水,是借倒水的冲力让咖啡颗粒做适当的翻滚而释放出咖啡物质,又称为"煮一杯咖啡"。目前,手冲咖啡是最为广泛的冲煮咖啡的方式之一,只需要简单的手冲咖啡壶就可以冲煮一杯纯正醇厚的咖啡,如图 3-5 所示。

(a)　　(b)

图 3-4

图 3-5

手冲咖啡属于滤泡式咖啡制作的范畴。制作原理看似简单,但对咖啡师的制作技艺要求很高。咖啡豆的品种、水流的大小,以及萃取时间的长短对咖啡的品质都有一定的影响。

其制作过程最佳的状态在于注水时,所有的咖啡颗粒均在溶液的最上层,就会在底部产生一个过滤层,咖啡液通过滤孔过滤到咖啡壶内。这是一种最能体现咖啡原味和个性的制作方式。优秀的咖啡师需要最大限度地保证每一杯咖啡的口感和品质均保持一定的水准,而制作一杯品质上乘的手冲咖啡的关键在于,如何让热水在最短的时间内冲到底部,让所有的咖啡颗粒都浮在表面。水流的大小及注入热水的时间也很重要。

## 二、咖啡磨豆机

事实上,研磨出的咖啡豆的大小、形状、均匀程度都会直接影响咖啡的萃取率,进一步影响整杯咖啡的品质。广义的磨豆机分为两种:手动磨豆机和电动磨豆机。

### 1. 手动磨豆机

家用的手动磨豆机价格一般不贵,多采用实木或铸铁制造,如图3-6所示。样式美观,除了可以研磨咖啡豆外,不使用时还可以当摆设;研磨度粗细可调节,方便操作;也不需要电源,适用性广。三五好友小聚,用手磨来制作咖啡,让咖啡制作的过程更有气氛。

(a)          (b)

图3-6

手动磨豆机的缺点主要就是耐用性相对较差,调节刻度麻烦,效率低,费力。一般的手动磨豆机上的豆槽都是用螺丝拧在木头下座上,使用次数多了,螺丝与木头之间的缝隙会增大,导致豆槽松动。

### 2. 电动磨豆机

可以通过刀刃的形状来判断电动磨豆机的性能,如图3-7所示。锥形刀刃可以无级地调整研磨状态,可以研磨出用于泡制意大利浓缩咖啡的极细咖啡粉;平形刀刃可以简单地研

(a)          (b)

图3-7

磨出粗细均匀的咖啡粉,也可以研磨出泡制意大利浓缩咖啡的极细咖啡粉;刀片型刀刃是螺旋桨形状的,比较适用于入门者使用,但其研磨出的咖啡粉颗粒度很难均匀。

## 三、其他器具

除了咖啡机和磨豆机外,还需要其他一些配套的工具。

(1)咖啡机配套工具　咖啡手柄(a)、粉锤(b)、压粉垫和布粉器(c)、粉渣盒(d)、牛奶加热拉花缸(e),如图3-8所示。

图3-8

(2)清洁工具　布片、板刷、咖啡工具刷,如图3-9所示。

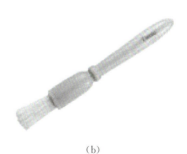

图3-9

饮 品 制 作

(3) 测量工具　电子秤(a)、温度计(b)、计时器(c)，如图 3-10 所示。

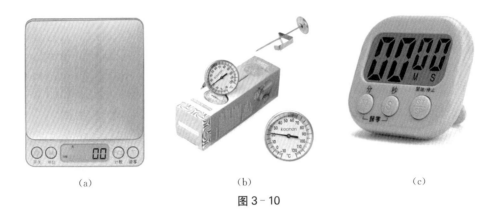

(a)　　　　　　　　(b)　　　　　　　　(c)

图 3-10

# 任务4　常见成品咖啡

### 学习目标

1. 认识常见成品咖啡的种类。
2. 了解不同成品咖啡的历史、特点和风味。
3. 能够根据个人口味和需求选择合适的成品咖啡。

### 任务描述

现需要你在日常学习、工作中收集并研究常见的成品咖啡的品牌和种类。学习每种咖啡的成分、制作工艺和口感特点。整理和总结常见成品咖啡的信息,形成自己的咖啡知识体系,并根据顾客的需求,向其推荐咖啡。

### 任务分析

本次任务的学习重点是成品咖啡的种类;学习难点是成品咖啡的成分和特点。

### 任务实施

市场上成品咖啡种类很多,分类方法也不尽相同。咖啡店常见的咖啡分类有单品咖啡、花式咖啡、创意咖啡;商超及电商平台常见的咖啡有速溶咖啡、挂耳咖啡、胶囊咖啡、冻干咖啡、即饮咖啡、咖啡液。

#### 1. 意式浓缩咖啡

在咖啡馆中,制作和使用意式浓缩咖啡是一个基础而又核心的工作。从某种意义上来说,咖啡馆的咖啡品质可以从意式浓缩咖啡的品质中看出。人们有时又将意式浓缩咖啡称为"意式咖啡的灵魂",它是制作各种咖啡饮品的基础,可以由它来制作各种不同类型的咖啡,如图4-1所示。

意式浓缩咖啡意大利语 espresso 翻译成英文有"on the spur of the moment"与"for

图 4-1

you"的意思。以极热但不沸腾的热水(水温约为 90℃),经高压冲过很细的咖啡粉末,萃取出咖啡。浓缩咖啡常作为加入其他成分(如牛奶或可可粉)的咖啡饮料的基础。意式浓缩咖啡必须符合下列条件:一杯咖啡的粉量为 $(6.5±1.58)$ g,水的温度为 $(90±5)$ ℃,水的压力为 $(9±2)$ 个大气压,萃取的时间为 $(30±5)$ s。

然而,随着精品咖啡理论的普及,美国精品咖啡协会(SCAA)和欧洲精品咖啡协会(SCAE)采用的定义有别于意大利对意式浓缩咖啡的定义。在世界咖啡师大赛(WBC)的相关竞赛规则中,对意式浓缩咖啡的规定如下:意式浓缩咖啡是一杯由研磨咖啡粉制作的 $(30±5)$ ml 的饮品,并且必须是从同一个双头手把持续萃取出的,冲煮温度应控制在 90.5~96℃,冲煮压力应设定在 8.5~9.5 个大气压之间。

由此可见,与意大利传统的意式浓缩咖啡的制作标准相比,精品咖啡意义下的意式浓缩咖啡在咖啡粉量和萃取时间上都没有明确要求,但是两个组织都要求必须有丰富的油脂克立玛(crema)。

2. 美式咖啡

美式咖啡(英文 americano,意大利语 caffè americano)是最普通的咖啡,是使用滴滤式咖啡壶制作出的黑咖啡,或者是在意式浓缩中加入大量的水制成,如图 4-2 所示。美式咖啡是一种口味比较淡的咖啡,一般萃取时间相对较长(大概四五分钟),所以咖啡因含量较高。

图 4-2

美式咖啡的制作非常简单,只需将热水倒入用滤纸包装的咖啡粉中,待咖啡滴入杯中即可饮用。在美国等国家,通常将热水和咖啡粉的比例定为 1∶2。美式咖啡口感清淡,苦味和酸味适中,非常容易入口。由于其制作简单、口感清淡,适合不愿意尝试太多特殊口味咖啡的人。不过,由于其口感不够浓郁,不适合想要独特体验的咖啡爱好者。

3. 拿铁

图 4-3

"拿铁"是意大利文"latte"的译音,原意为牛奶。拿铁咖啡是花式咖啡的一种,是咖啡与牛奶交融的极致之作,如图 4-3 所示。

拿铁咖啡属于意式咖啡的一种。在西方,人们将用奶泡绘制图案的咖啡制作方式叫做"latte art",即咖啡拉花艺术。而意大利语意为"咖啡+牛奶",就是"拿铁"的由来。在拿铁咖啡中,意式浓缩咖啡占 1/3,加热的牛奶占 2/3,另有约 1cm 厚的奶泡,并且咖啡师借助这些牛奶和奶泡在咖啡中拉出美妙的图案。

#### 4. 卡布奇诺

卡布奇诺(cappuccino)意思是意大利泡沫咖啡,原指僧侣所穿的宽松长袍和小尖帽。意大利人发现浓缩咖啡、牛奶和奶泡混合后,颜色就像修士所穿的深褐色道袍,于是就给牛奶加咖啡又有尖尖奶泡的饮料取名为卡布奇诺,如图4-4所示。卡布奇诺根据其浓缩咖啡、牛奶和奶泡三者之间的比例差异分为干卡布奇诺和湿卡布奇诺两种。

干卡布的浓缩咖啡、牛奶和奶泡的比例为1∶1∶1;湿卡布中浓缩咖啡、牛奶和奶泡的比例为1∶4∶1。在湿卡布中,牛奶的比例大大增加,所以液体的流动性更强。将流动性极强的牛奶奶泡冲入意式浓缩咖啡中,形成了美丽的拉花图案。目前比较受现代消费者欢迎的卡布奇诺咖啡,其实指的是牛奶比例较大的湿卡布奇诺。

#### 5. 玛奇朵

玛奇朵在意大利语中就是"一点点"的意思,看起来像是缩小版的卡布奇诺,如图4-5所示。先将牛奶和香草糖浆混合再加入奶沫;然后,再倒入意式浓缩咖啡中,即享受卡布奇诺细腻滑爽的奶泡,又能体会浓缩咖啡浓烈的咖啡醇香。奶泡上再撒上焦糖,就变成另一款受欢迎的焦糖玛奇朵咖啡。

图4-4

图4-5

#### 6. 康宝蓝

意大利咖啡品种之一,与玛奇朵齐名,是在意式浓缩咖啡上加上一层打发的鲜奶油,嫩白的鲜奶油轻轻漂浮在咖啡上,宛如一朵白莲花,如图4-6所示。饮用时,可以先用勺子挖一口鲜奶油,再喝底部的咖啡。尽量不要把鲜奶油与浓缩咖啡搅和在一块。还有一种传统,在饮用康宝蓝时要配一颗巧克力或太妃糖,先将巧克力或糖含在嘴里,再喝咖啡,让美味在口中绽放。

图4-6

### 7. 摩卡

图4-7

摩卡咖啡由意大利浓缩咖啡、巧克力酱、鲜奶油和牛奶混合而成，如图4-7所示，而且历史相当悠久。自15世纪以来，是欧洲和中东市场的主要出口咖啡产品，当时咖啡主要集中到穆哈港再向外运输，统称为摩卡咖啡。

摩卡的香甜来自巧克力，比起单纯的糖浆口味更加丰富。当巧克力的香甜碰上咖啡的浓苦，顿时在味蕾中化开。

### 8. 爱尔兰

爱尔兰咖啡既是咖啡品种，也可以说是鸡尾酒品种，这是一种含酒精的咖啡，如图4-8所示，由热咖啡、爱尔兰威士忌、奶油和糖混合搅拌而成。一杯好的爱尔兰咖啡微苦、口感醇厚，由奶香到威士忌浓郁，再到咖啡的醇香，层次分明。

### 9. 维也纳

维也纳是奥地利最著名的咖啡品种，由一个马车夫发明，由于这个原因，也称为单头马车。其浓厚的鲜奶油和巧克力的甜美风味让很多人迷倒。

如图4-9所示，在雪白的鲜奶油上，撒落五彩缤纷的七彩米，颜值很高。喝维也纳咖啡时，先品尝上层的冰凉鲜奶油，到中段搭配浓香的浓缩咖啡，底部则有甜蜜的糖。不要搅拌，才能感受到多层次的风味。

图4-8

图4-9

# 模块三 咖啡与调饮

## 项目七 咖啡制作

 素养目标

1. 通过观察、品尝和比较不同的咖啡,培养观察力、味觉敏感度和分析能力。
2. 参与咖啡的冲泡过程,提高动手能力和实践操作技能。
3. 培养对咖啡的兴趣和热爱,感受咖啡文化的魅力。
4. 通过查阅资料和研究咖啡文化,培养自主学习能力和信息收集处理能力。

咖啡,那浓郁的香气、醇厚的口感,仿佛拥有一种神奇的魔力,能够瞬间唤醒我们的感官,为我们带来片刻的愉悦与放松。从一颗小小的咖啡豆,到一杯香浓四溢的咖啡饮品,蕴含着无数的奥秘与艺术。

无论是在清晨的第一缕阳光中,还是在午后的慵懒时光里,抑或是在寂静的夜晚,亲手制作一杯咖啡,不仅是一种味觉上的享受,更是一种对生活的热爱与追求。它让我们有机会慢下脚步,用心去感受每一个细节,体验制作过程中的乐趣与满足。

接下来,我们将一起探索咖啡制作的奇妙世界。不同的制作方法,各种技巧与小贴士,将带你领略咖啡的魅力。

# 任务1 意式/花式咖啡制作

**学习目标**

1. 了解各类咖啡的历史、文化和特点。
2. 熟练掌握意式咖啡制作的工艺流程和技术要点。
3. 学会操作意式咖啡机等相关设备。
4. 能够根据顾客需求制作出不同口味的意式咖啡饮品。

**任务描述**

现需要你了解各类咖啡的特点和风味,掌握咖啡制作的原理和工艺流程。学会正确调试设备参数,学会设备的清洁和维护方法。培养良好的服务意识,为顾客提供专业的咖啡制作和接待服务。

**任务分析**

本次任务的学习重点是意式浓缩咖啡的制作,这也是制作其他咖啡的基础;学习难点是奶沫的打发,需要多练习,掌握其制作要领。

**任务实施**

### 1. 意大利特浓

**制作过程:**

**步骤1**:将咖啡手柄放置在电子秤上,并归零,如图1-1所示。

**步骤2**:用磨豆机磨制约9 g咖啡粉,用粉锤压紧压实,如图1-2所示。

图1-1

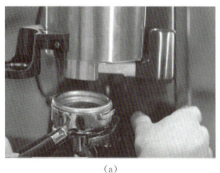 

(a)             (b)

图 1-2

**步骤 3**：先在咖啡机里放水，然后再将盛有咖啡粉的手柄装上咖啡机，打开开关，如图 1-3 所示。

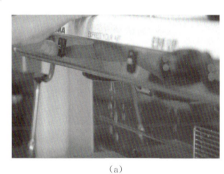 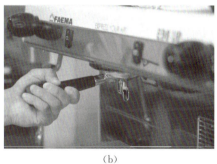

(a)             (b)

图 1-3

**步骤 4**：选用意大利特浓杯，萃取 22～28 s，大约 30 ml 咖啡液，最后配咖啡碟出品，如图 1-4 所示。

(a)             (b)

图 1-4

### 小贴士

1. 一定选用新鲜的咖啡豆，最好烘焙后不要超过 3 个星期。
2. 如果磨出来的粉比较粗松，压力要大一些；反之，要小一些。

## 2. 美式

**步骤1**：与意大利特浓咖啡制作相同,称量约9 g咖啡粉,将手柄装在咖啡机上。

**步骤2**：选用规格为200 ml的载杯,萃取30 ml咖啡液,如图1-5所示。

图1-5

**步骤3**：在咖啡杯中加入150 ml热水,如图1-6所示。

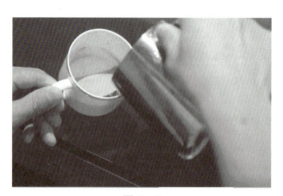

图1-6

**步骤4**：最后,美式咖啡配咖啡碟出品,如图1-7所示。

图1-7

> **小贴士**
> 1. 美式总杯量控制在 180 ml。
> 2. 加入热水时,顺着杯边慢慢注入,要保留咖啡液面的油脂。

### 3. 拿铁

**步骤 1**:与制作意大利特浓咖啡制作步骤相同,选用 300 ml 的杯子,先制作一杯意大利特浓咖啡,待用。

**步骤 2**:待蒸汽喷头喷汽,如图 1-8 所示。

**步骤 3**:拉花缸中倒入约 250 ml 全脂牛奶,用蒸汽打发牛奶。拿铁咖啡要求奶沫绵密而细腻,如图 1-9 所示。

图 1-8

图 1-9

**步骤 4**:杯子倾斜,将打发好的牛奶,顺时针缓慢、稳定地融合至咖啡液中,如图 1-10 所示,约四分满。

**步骤 5**:将剩余打发好的牛奶,从中心点注入咖啡中;同时,摆动杯子,压出第一个底纹,再推第二个、第三个。第三个完成后,抬高拉花缸收尾,如图 1-11 所示。

图 1-10

图 1-11

### 饮品制作

> **小贴士**
> 1. 最好是冷藏的牛奶。
> 2. 蒸汽喷头放汽是为了将喷头中的水全部放出。

#### 4. 卡布奇诺

**步骤 1**：与制作意大利特浓咖啡制作步骤相同，选用 300 ml 的杯子，先制作一杯意大利特浓咖啡，待用。

**步骤 2**：蒸汽喷头先放汽，然后打发牛奶。制作卡布奇诺，奶沫需要厚而绵密。

**步骤 3**：将奶沫融合到咖啡液中。杯子倾斜，将打发好的牛奶，顺时针缓慢、稳定地融合至咖啡液，约四五分满。然后在 1/3 落点处大流速注入奶沫，如图 1-12 所示。

(a) (b)

图 1-12

**步骤 4**：配咖啡碟、咖啡勺出品，如图 1-13 所示。

图 1-13

> **小贴士**
> 1. 卡布奇诺咖啡和拿铁咖啡的区别在于牛奶和奶沫的比例不同，卡布奇诺咖啡的奶沫多，拿铁咖啡的奶沫少。

2. 口味上的区别是卡布奇诺咖啡的咖啡味重,而拿铁清淡一些,因为拿铁的牛奶更多一些。

### 5. 爱尔兰

**步骤 1**:在爱尔兰咖啡杯中加入一块方糖;加 30～45 ml 的爱尔兰威士忌,至第一条线处,如图 1-14 所示。

**步骤 2**:点燃酒精灯,将爱尔兰威士忌放在酒精灯上面不断旋转,如图 1-15 所示。

图 1-14

图 1-15

**步骤 3**:加热到一定程度,用打火机将威士忌点燃,如图 1-16 所示。加热,燃烧,直至方糖化开。

**步骤 4**:再加入 150 ml 美式咖啡,至第二条线处,如图 1-17 所示。

图 1-16

图 1-17

**步骤 5**:在咖啡液上挤上鲜奶油,最后装饰出品,如图 1-18 所示。

饮品制作

(a)                                (b)

图 1-18

> **小贴士**
>
> 1. 一定要受热均匀,可以手动调整。
> 2. 烤杯可以去除烈酒中的酒精,让酒香和咖啡能够更好地调和。
> 3. 用爱尔兰杯是有讲究的,第一条线是威士忌,第二条线是咖啡,第三条线是奶油。

**6. 摩卡**

**步骤 1**:先在杯中加入 10~15 g 巧克力酱,如图 1-19 所示。

**步骤 2**:直接在此杯中制作一份意大利特浓咖啡,如图 1-20 所示。

图 1-19                             图 1-20

**步骤 3**:拉花缸中倒入约 250 ml 全脂牛奶,用蒸汽打发牛奶,要求奶沫绵密而细腻。

**步骤 4**:最后,用拉花的形式将奶沫加入到咖啡液中。一杯摩卡咖啡就制作完成了,如图 1-21 所示。

图 1-21

> **小贴士**
> 1. 摩卡咖啡其实就是在拿铁咖啡的基础上,增加了巧克力酱,味道更加香甜醇厚。
> 2. 巧克力酱也可以在咖啡表面添加,大多以雕花方式呈现。

### 7. 焦糖玛奇朵

**步骤 1**：与制作意大利特浓咖啡制作步骤相同,选用 220 ml 的杯子,先制作一杯意大利特浓咖啡,待用,如图 1-22 所示。

**步骤 2**：拉花缸中倒入牛奶,用蒸汽打发牛奶。焦糖玛奇朵咖啡要求奶沫厚而绵密,需要多一些打发,如图 1-23 所示。

图 1-22

图 1-23

**步骤 3**：用勺将奶沫舀在杯中,如图 1-24 所示。

饮品制作

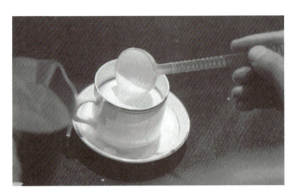

图 1-24

**步骤 4**：在奶沫上面挤上焦糖酱，一杯美味的焦糖玛奇朵制作完成，如图 1-25 所示。

(a)           (b)

图 1-25

### 小贴士

1. 奶沫一定要厚而绵密，才能支撑住焦糖酱。
2. 除了焦糖酱，也可以挤巧克力酱。

### 8. 皇家

**步骤 1**：先准备好一杯美式咖啡、一杯白兰地、一块方糖、一支咖啡勺，如图 1-26 所示。

(a)       (b)       (c)

图 1-26

步骤2：咖啡勺挂在杯口，放入方糖，将白兰地倒入方糖中，如图1-27所示。

图1-27

步骤3：用打火机点燃白兰地，充分燃烧，直到方糖化掉，如图1-28所示。

图1-28

步骤4：把融化的糖和白兰地一起倒入杯中，轻轻搅拌。一杯皇家咖啡就制作完成了，如图1-29所示。

（a）

（b）

图1-29

# 任务 2　单品咖啡制作

1. 了解各类单品咖啡的历史、文化和特点。
2. 熟练掌握单品咖啡制作的工艺流程和技术要点。
3. 学会操作单品咖啡制作所需的各类器具。
4. 能够根据顾客需求制作出不同口味的单品咖啡。

现需要你了解各类咖啡的特点和风味,掌握单品咖啡制作的原理和工艺流程。学会正确调试器具参数,学会器具的清洁和维护方法。培养良好的服务意识,为顾客提供专业的咖啡制作和接待服务。

本次任务的学习重点是单品咖啡的制作;学习难点是单品咖啡制作要领的掌握,需要多练习。

1. 手冲咖啡

**步骤1**:手冲壶中加入热水,水的温度控制在87～92℃,如图2-1所示。

**步骤2**:在手冲器皿中放置好过滤纸,用手冲壶中的水润湿过滤纸,多余的水倒掉,如图2-2所示。

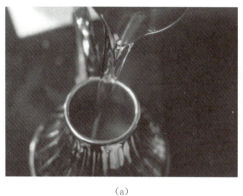

(a)                                (b)

图 2-1

(a)                                (b)

图 2-2

**步骤 3**:放入提前准备好的咖啡粉 30 g,如图 2-3 所示。

**步骤 4**:制作手冲咖啡,粉与水的比例为 1∶15。先加 30 ml 热水浸泡闷蒸约 30 s,如图 2-4 所示。

第二次注水,约 280 ml,同时滴滤。

图 2-3                              图 2-4

**步骤 5**：滴滤完成后,将水加至 450 ml,等待最后的滴滤,如图 2-5 所示。

(a)　　　　　　　　　(b)

图 2-5

**步骤 6**：用意大利特浓杯出品,如图 2-6 所示。

图 2-6

### 小贴士

1. 手冲壶倒水的时候,采用画圈的形式,目的是使咖啡粉萃取均匀。需要注意的是,水流不可直接接触滤纸,保持至少 1 cm 的距离。
2. 手冲咖啡制作整个过程大约 3 min,时间太长或太短都会影响咖啡的口感。

**2. 虹吸壶咖啡**

**步骤 1**：电子秤上放置虹吸壶加热部分,去皮归零;加入 300 ml 热水,如图 2-7 所示。

**步骤 2**：点燃酒精灯,放置在虹吸壶加热壶下;将虹吸壶上半装置放置好,如图 2-8 所示。不要完全安装紧,轻轻放置。

图 2-7

图 2-8

**步骤 3**：待虹吸壶加热部分内的水烧开后，将上下部分安装紧，让水完全沸腾，如图 2-9 所示。

(a)

(b)

图 2-9

**步骤 4**：待底部水完全上升后，将 20 g 咖啡粉（粉水比为 1∶15）少量、多次拨入水中，如图 2-10 所示。

(a)

(b)

图 2-10

饮品制作

步骤 5：咖啡粉全部拨入水中后，沸煮 90~120 s，如图 2-11 所示，其间搅拌 2~3 次。

图 2-11

步骤 6：撤出酒精灯，虹吸壶的温度会慢慢下降，开始有咖啡液回流下来，如图 2-12 所示。

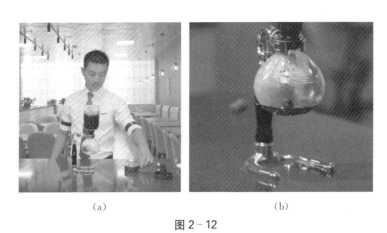

图 2-12

步骤 7：等待咖啡液慢慢回流到加热壶，如图 2-13 所示。

图 2-13

**步骤 8**：待上部咖啡液完全流完后，将虹吸壶上部分取下，如图 2‑14 所示。一般选用 200 ml 咖啡杯出品，如图 2‑15 所示。

图 2‑14

图 2‑15

### 小贴士

1. 回流时间不会太长。不要为了急于让咖啡液快速回流，用湿布等给加热壶降温，容易导致玻璃制品因快速降温而爆炸。
2. 回流结束时，会有"噗噗"的声音，由此可以判断回流完毕。

# 模块三  咖啡与调饮

## 项目八  咖啡调饮

1. 具备对咖啡饮品外观的审美能力,包括咖啡的色泽、泡沫的质地、拉花的图案等,使咖啡不仅口感好,而且具有视觉吸引力。
2. 能够将咖啡制作与艺术、设计元素相结合,创造出独特的咖啡体验。
3. 敢于尝试新的咖啡制作方法、配方和工具,不断探索创新咖啡的口味和形式;结合不同食材和饮品,能开发出新颖的创新咖啡,满足消费者的多样化需求。

1. 了解创意咖啡的概念和发展趋势。
2. 掌握创意咖啡制作方法和技巧。
3. 培养创新思维和创造力,能够独立设计和制作创意咖啡。
4. 提高对咖啡风味的感知和品鉴能力。

现需要你学习创意咖啡的理论知识,收集创意咖啡的案例和灵感,分析其创意来源和制作方法;能够品鉴创意咖啡并打分,进而调整改进;根据顾客的要求,制作创意咖啡。

 **任务分析**

本次任务的学习重点是创意咖啡的设计和制作;学习难点是创意灵感的获取和创意咖啡的品鉴。

 **任务实施**

为了让咖啡时间更加丰富多彩,可以尝试一些创意饮品,让咖啡不再单调。目前,中国咖啡消费市场的主力军以年轻群体为主,他们勇于尝试新鲜事物,单一的咖啡饮品难以满足其长期需求。因此,咖啡品牌需要不断创新,推出独特的产品。咖啡产品口味和形式逐步趋于多元化,出现了瓶装咖啡、啤酒气泡咖啡饮品、冷萃椰奶咖啡、加入氮气的冷萃咖啡等。盛器也不再局限于传统咖啡杯。此外,还衍生出了咖啡果皮茶、咖啡面膜等周边产物,以及低脂、低卡、低糖、高蛋白质的咖啡产品。

# 任务1  红茶鸳鸯拿铁

如图1-1所示：

图1-1

**配料**  咖啡豆15g，红茶3g，牛奶，冰块(可选)适量，糖/蜂蜜/炼乳(可选)适量。
**主要用具**  咖啡机、咖啡杯、玻璃杯、冰桶、冰夹。
**推荐饮用时间**  四季皆可。
步骤1：萃取红茶咖啡液，如图1-2所示。

(a)                    (b)

图1-2

**步骤2**：载杯中加入冰块，八分满，再加入牛奶至九分满，如图1-3所示。

(a)

(b)

图1-3

**步骤3**：缓慢加入冷却的红茶咖啡液，如图1-4所示。

图1-4

**小贴士**

1. 应选用红茶粉，茶叶很难萃取。
2. 如果喜欢喝热饮，可不加冰块。如果喜欢喝甜饮，可以加糖、蜂蜜或是炼乳。

# 任务2　焦糖坚果拿铁

如图 2-1 所示：

图 2-1

**配料**　咖啡液 30 ml，冰块、牛奶、奶油、焦糖、坚果碎适量。
**主要用具**　咖啡机、咖啡杯、玻璃杯、冰桶、冰夹、裱花袋。
**推荐饮用时间**　夏季。
**步骤 1**：焦糖挂壁，如图 2-2 所示。
**步骤 2**：加入冰块，八分满，如图 2-3 所示。

图 2-2　　　　　　　　　　图 2-3

步骤 3：倒入牛奶，如图 2-4 所示。
步骤 4：加入咖啡液，如图 2-5 所示。

图 2-4

图 2-5

步骤 5：挤入奶油，如图 2-6 所示。
步骤 6：装饰出品，如图 2-7 所示。

图 2-6

图 2-7

### 小贴士

1. 载杯可以用焦糖挂壁，也可以选用巧克力挂壁。
2. 奶油也可以选用奶油枪，口感更加绵密。

# 任务3 榛果拿铁

如图3-1所示:

图3-1

**配料** 咖啡液30 ml,榛果糖浆5 g,牛奶200 ml,坚果碎适量。

**主要用具** 咖啡机、咖啡杯、玻璃杯、打泡器、盎司杯。

**推荐饮用时间** 夏季。

**步骤1**:载杯中加入5 g榛果糖浆,如图3-2所示。

图3-2

**步骤2**:牛奶200 ml加热至约60℃。其中120 ml倒入载杯,与糖浆混匀,如图3-3所示。

饮品制作

步骤3：剩余80 ml牛奶利用打泡器打出奶沫，如图3-4所示，加入载杯中，如图3-5所示。

步骤4：从中心点，缓慢、少量将咖啡液加入杯中，如图3-6所示。

图3-3

图3-4

图3-5

图3-6

**小贴士**

1. 利用打泡器打奶沫时，先将牛奶加热，否则不容易打出奶沫。
2. 最后加入咖啡液时，水流一定要细、要慢，否则容易混溶。

# 任务 4　香橙气泡冰美式

如图 4-1 所示：

图 4-1

**配料**　咖啡液 30 ml，冰块、气泡水、果糖、橙子适量。
**主要用具**　咖啡机、咖啡杯、玻璃杯、冰桶、冰夹、捣棒、盎司杯。
**推荐饮用时间**　夏季。
**步骤 1**：载杯中放入切好的橙块 30 g、果糖 10 g，如图 4-2 所示。

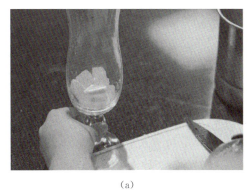
(a)

(b)

图 4-2

**步骤 2**：用捣棒将橙块捣碎，如图 4-3 所示。

步骤3：加入冰块，八分满，如图4-4所示。

图4-3

图4-4

步骤4：加入气泡水至九分满，如图4-5所示。
步骤5：从中心点慢速注入咖啡液，如图4-6所示。

图4-5

图4-6

步骤6：装饰即可出品，如图4-7。

图4-7

**小贴士**

你还可以尝试制作其他水果搭配的调饮。

# 任务5 绿葡萄美式

如图5-1所示:

**配料** 咖啡液30 ml,冰块、葡萄、果糖各10 g。

**主要用具** 咖啡机、玻璃杯、冰桶、冰夹、盎司杯、捣棒。

**推荐饮用时间** 夏季。

**步骤1**:载杯中放入去籽的葡萄果肉,如图5-2展示。

图5-1

图5-2

**步骤2**:加入10 g果糖糖浆,如图5-3所示。

**步骤3**:用捣棒将葡萄果肉捣碎,如图5-4所示。

图5-3

图5-4

步骤 4：加入冰块至八分满，如图 5-5 所示。
步骤 5：加入冰水至九分满，如图 5-6 所示。

图 5-5

图 5-6

步骤 6：加入咖啡液，如图 5-7 所示。
步骤 7：装饰即可出品，如图 5-8 所示。

图 5-7

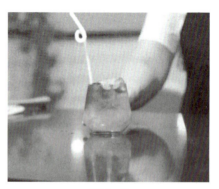

图 5-8

**小贴士**

1. 可以将冰水换成气泡水。
2. 葡萄去皮后，口感会更佳。

## 模块四　酒与调饮

## 项目九　酒与鸡尾酒认知

培养对调酒的兴趣以及对调酒师职业和岗位的向往,为培养业务素质打下基础。

1. 掌握鸡尾酒的定义、鸡尾酒的结构、鸡尾酒的类型。
2. 熟悉酒水、酒精和酒度的概念,掌握酒精度的表示方法。

本任务要求了解酒、鸡尾酒的基本知识。

鸡尾酒已经走进了我们的生活,闲暇时间喝点鸡尾酒,已经成为一种时尚。鸡尾酒的世界多姿多彩,不同的酒搭配起来,变幻出多种色彩,拥有美丽动听的名字。鸡尾酒虽然千变万化,却有一定的规律可循。

**任务实施**

明确鸡尾酒的定义,了解其历史和发展过程中的各种传说。酒与鸡尾酒认知是一个全面而复杂的过程,需要从业者具备广泛的知识和技能。通过深入了解酒类和鸡尾酒的特点、制作工艺、文化背景以及市场动态等信息,可以更好地满足消费者的需求并推动行业的发展。

# 任务1  酒水基础知识

## 一、酒文化

中国是酒的故乡,几乎从原始社会,酒就在中华大地上出现了。酒的历史几乎是和人类文化史一道开始的。从人类发现并饮用酒起,酒文化就已经存在并影响着我们生活的方方面面。酒有着多层次的受众群体,在酒乐之中,人们的情感得以宣泄,审美需要得到满足。酒是沟通人际关系的桥梁,酒宴成了重要的交际场所,至今仍是如此。

酒的诞生为平淡的生活增添了丰富的色彩,无酒不欢,无酒不成宴席。人类自从发明了这种神奇的浆液就一直为之着迷。

## 二、酒的起源与发展

酒,自古以来就以独特的醇香而成为人们日常生活中不可缺少的一部分。全世界各个民族几乎都有饮酒的习惯,但酒不同于普通的饮料,特殊且不能用于解渴,因为它含有令人兴奋、给人带来刺激的酒精成分。中国是世界酒文化的发源地之一,5 000年悠久的文明饱浸着酒的醇香和真谛。中西方酒文化是互通的,在西方,酒始终被认为是一种文化。酿酒的工艺复杂,其产生过程还有待人类继续研究探索。作为一种深刻的社会现象,酒在各个国家、地区、种族、民族都有着各不相同的文化内涵和象征。

酒是含有酒精(乙醇)的有机化合物,是一种以谷物、水果、花瓣、种子或其他含有丰富糖分、淀粉的植物,经糖化、发酵、蒸馏、陈酿等生产工艺而制成的含有食用酒精的饮品。人类什么时候开始酿造酒,至今众说纷纭。世界公认的几个文明发源地,如巴比伦、古埃及、中国等都有关于酒的文献资料。在中国有杜康造酒的说法。《事物纪原》记载仪狄造酒,《战国策·魏策》中记载"昔者,帝女令仪狄作酒而美"。《黄帝内经·素问》中记载"以酒为浆"。考古发现,在古埃及,5 000年以前就已开始种植葡萄,用葡萄酿造酒,供奉神明。史前古墓葬中挖掘到的瓶塞上有清晰的拉美西斯三世时酒坊的印记。随着人类文明的延伸、社会经济的发展,每个时代科学技术的进步都为酿酒工艺的改良和深化提供了契机,酿酒技术的普及、饮酒文化的盛行、社会分工的细化,最终使酿酒业得以确立和发展。中国作为酒文化的发源地之一,为世界酿酒业做出了杰出的贡献。中国在继承和发扬本民族传统酿酒工艺精华的同时,从不排斥对外来酒文化的吸收,比如,张骞出使西域带回葡萄酒。

饮品制作

### 三、酒精与酒精度

酒精学名乙醇,常温、常压下为无色透明液体,易挥发,易燃烧,可与水以任何比例互溶。在标准状态下,沸点约为 78.3℃。酒精在酒中的含量表示有 3 种方式:标准酒精度、美制酒精度和英制酒精度。酒精度可用酒精计直接测出。标准酒精度又称欧洲酒精度,由法国著名化学家盖·吕萨克发明,是指在 20℃ 的条件下,每 100 ml 酒液中含酒精的体积(毫升)。

### 四、酒的分类

#### 1. 按生产工艺分类

酒的酿制生产工艺主要有 3 种方式:发酵、蒸馏、配制,用以上方式生产出来的酒分别称为发酵酒、蒸馏酒和配制酒。

(1)发酵酒　将酿造原料(通常是谷物与水果)直接放入容器中,加入酵母发酵或部分发酵酿制的酒。常见的发酵酒有葡萄酒、啤酒、黄酒等。

(2)蒸馏酒　将经过发酵的原料加以蒸馏提纯,获得的含有较高酒精度的液体。常见的蒸馏酒有金酒、威士忌、白兰地、朗姆酒、伏特加、特基拉和中国白酒等。

(3)配制酒　以发酵酒、蒸馏酒、食用酒精等为酒基,加入可食用的原辅料或食品添加剂,再加工制成的酒液。常见的配制酒有味美思、比特酒和茴香酒等。

#### 2. 按餐饮习惯分类

按餐酒搭配的特点,酒水主要可分为 4 个类型,即餐前酒、佐餐酒、甜食酒、餐后酒。

#### 3. 按酒精含量分类

按酒精含量分类,可分为低度酒、中度酒和高度酒。

# 任务2　五彩缤纷鸡尾酒

## 一、鸡尾酒的概念

"鸡尾酒"一词,由英文"鸡尾"一词翻译而来。关于鸡尾酒的起源众说纷纭,已经无从考证,但有一点可以肯定,它诞生于18世纪末19世纪初的美国。第一篇有关鸡尾酒的文字记载是在1806年美国的一本杂志《平衡》中,首次详细介绍了鸡尾酒是用酒精、糖、水(或冰)及苦味酒混合调制而成的饮料。

美国的《韦氏辞典》对鸡尾酒的定义是:鸡尾酒是一种量少而冰镇的饮料,它以朗姆酒、威士忌或其他烈酒为基酒,或以葡萄酒为基酒,再配以其他辅料,如果汁、鸡蛋、比特酒、糖浆等,以搅拌或摇和的方法调制而成,最后再以柠檬片或薄荷叶装饰,如图2-1所示。

图2-1

## 二、鸡尾酒的结构

鸡尾酒的种类、款式繁多,调制方法各异,但基本结构有共同之处,即由基酒、辅料和装饰物3部分组成。

### 1. 基酒

基酒是构成鸡尾酒的主体,决定了鸡尾酒的酒品风格和特色。常用作鸡尾酒基酒的各类烈性酒有金酒、白兰地、伏特加、威士忌、朗姆酒、特基拉、中国白酒等,如图2-2所示;葡萄酒、配制酒等也可作为鸡尾酒的基酒;无酒精的鸡尾酒则以软饮料调制而成。基酒在配方中的比例有各种表示方法,国际调酒师协会统一以份为单位,一份约为 30 ml。在鸡尾酒的相关出版物及实际操作中通常以毫升、盎司(量杯)为单位。

图 2-2

2. 辅料

除酒类以外,都是辅料,辅料是调味、调香、调色料的总称,能与基酒充分混合,降低基酒的酒精含量,缓冲基酒强烈的刺激感。其中,调香、调色的材料使鸡尾酒含有了色、香、味等艺术化特征,从而使鸡尾酒的世界色彩斑斓、风情万种。

(1) 碳酸类饮料　包括雪碧、苏打水、汤力水、干姜水等。

(2) 果蔬汁　包括各种罐装、瓶装和现榨的果蔬汁,如橙汁、柠檬汁、青柠汁、西芹汁等。

(3) 水　包括凉开水、矿泉水、蒸馏水、纯净水等。

(4) 提香增味材料　以各类利口酒为主,如蓝色的柑香酒、绿色的薄荷酒等。

(5) 其他调配料　糖浆、砂糖、鸡蛋、盐等。

(6) 冰　根据鸡尾酒的成品标准,调制时常见有方冰、圆冰、片冰、细冰。

3. 装饰物

鸡尾酒装饰物是鸡尾酒的重要组成部分。装饰物的巧妙运用,可产生画龙点睛般的效果,使一杯平淡无奇的鸡尾酒立即鲜活生动起来,充满生活的情趣和艺术,如图 2-3 所示。一杯经过精心装饰的鸡尾酒,不仅能捕捉自然生机于杯盏之间,还可成为鸡尾酒典型的标志与象征。对于经典的鸡尾酒,其装饰物的构成和制作方法是约定俗成的,应保持原貌,不得随意改变;而对创新的鸡尾酒,装饰物的修饰和选择不受限制,调酒师可充分发挥想象力和创造力;对于不需装饰的经典鸡尾酒品加以赘饰,则是画蛇添足,只会破坏酒品的意境。

(a) 　　　　(b)

图 2-3

(1) 水果类　如樱桃、菠萝、苹果、阳桃等。根据鸡尾酒装饰的要求,可将水果切成片状、皮状、角状、块状等。有些水果掏空果肉后,是天然的盛载鸡尾酒的器皿,常见于一些热带鸡尾酒,如椰壳等。

(2) 蔬果类　常见的有西芹条、酸黄瓜、新鲜黄瓜条、红萝卜条等。

(3) 花草绿叶　使鸡尾酒充满自然和生机,令人备感活力。花草绿叶以小型花序、小圆叶为主,常见的有新鲜薄荷叶、洋兰等。应清洁卫生、无毒无害,不能有强烈的香味和刺激味。

(4) 人工装饰物　包括各类吸管、搅拌棒、酒签等。载杯的形状和杯垫的图案花纹也起到了装饰和衬托作用。

## 三、鸡尾酒酒精度计算

大部分鸡尾酒都含有一定量的酒精。依据标准酒精度的概念,鸡尾酒酒精度的计算公式如下:

$$\text{鸡尾酒的酒精度} = \frac{\text{基酒的酒精度(体积分数)} \times \text{基酒的量(体积)} + \text{辅酒的酒精度(体积分数)} \times \text{辅酒的量(体积)}}{\text{基酒的量(体积)} + \text{各种辅料的量(体积)}} \times 100\%$$

## 四、鸡尾酒的分类

按饮用的时间分为餐前鸡尾酒、餐后鸡尾酒、晚餐鸡尾酒、寝前鸡尾酒和俱乐部鸡尾酒。按容量及酒精含量分为长饮鸡尾酒和短饮鸡尾酒。按饮用温度分为冰镇鸡尾酒、常温鸡尾酒、热饮鸡尾酒。按调制鸡尾酒的基酒分类,见项目四。

## 模块四　酒与调饮

## 项目十　识别酒用具——酒吧载杯与调酒用具

树立专业意识,培养持续努力、从不懈怠、方便客人、优质服务的职业道德。

1. 掌握酒吧调酒用具使用方法、保管知识。
2. 掌握酒吧杯具的种类、形状、特点和使用要求以及保管等知识。
3. 掌握调酒用具、杯具的冲洗、清洗、消毒的方法。
4. 掌握不同的调酒载杯。
5. 了解鸡尾酒装饰物的种类,熟悉鸡尾酒装饰的基本规律。

本项目要求熟练掌握三段式调酒壶、波士顿调酒壶、鸡尾酒载杯的使用条件,学会制作常规的鸡尾酒装饰物,准确度量调酒材料的用量。

## 任务分析

调酒为人们提供了视觉、嗅觉、味觉和精神等方面的享受。调酒是一门技术,也是一门艺术。它作为技术与艺术的结晶,是一项专业性很强的工作。调酒师要用正确的方法、合适的工具、标准的配方调制出一杯杯令人心仪的鸡尾酒。

## 任务实施

各种酒杯的形状、大小和用途不同,如红酒杯、白酒杯、香槟杯、鸡尾酒杯、威士忌杯等;不同的酒类需要不同的酒杯来展现其最佳风味。例如,红酒通常使用红酒杯,而鸡尾酒则使用鸡尾酒杯。更专业的调酒师可能需要准备更多的工具,包括摇酒器、搅拌棒、滤冰器、量杯、开瓶器、吧勺、榨汁机、捣碎器、雪克杯套装等。酒吧载杯与调酒用具的使用是一个综合性的过程,需要调酒师具备专业知识、技能和细心的态度。

# 任务1　美杯盛美酒

一杯美妙的鸡尾酒离不开精致载杯的衬托，少不了恰当的用具。鸡尾酒的载杯造型各异，但大部分的鸡尾酒载杯都应具备以下特征：不带任何花纹和色彩，色彩会混淆酒的颜色；不可用塑料杯，塑料会使酒走味；以高脚杯为主，便于手握，因为鸡尾酒要保持其冰冷度，手的触摸会使酒液升温，进而影响口感。

## 一、鸡尾酒载杯的分类

### 1. 平底杯系列

（1）海波杯　又称高球杯或直筒杯，一般为8～10盎司(1盎司约合29.57 ml)，如图1-1所示，常用于盛放软饮料、鸡尾酒、矿泉水，是酒吧中使用频率最高且必备的杯子。

（2）柯林杯　与海波杯大致相同，杯身略高，相比海波杯更加细长，是像烟囱一样的大酒杯，如图1-2所示，容量为10～12盎司。多用于盛放混合饮料、鸡尾酒及奶昔。适用于如汤姆柯林一类的鸡尾酒。

（3）烈酒杯　容量较小，多为1～2盎司，用于盛放净饮烈性酒和鸡尾酒，如图1-3所示。

图1-1　　　　　图1-2　　　　　图1-3

（4）古典杯　又称为岩石杯、老式杯，厚底、矮身、杯口较宽，一般为8盎司左右，多用于盛放加冰饮用的烈酒，如图1-4所示。

(5) 果汁杯　与古典杯形状相同,略大,只用于盛放果汁,如图1-5所示。

图1-4

图1-5

(6) 啤酒杯　一般为10～12盎司,主要有有把和无把两种。有把的是传统啤酒杯,如图1-6所示;无把的啤酒杯如比尔森式啤酒杯。

2. 矮脚杯系列

(1) 白兰地杯　矮脚、小口、大肚酒杯,通常为8盎司左右,如图1-7所示倒入酒量不宜过多,以杯子横放时,酒在杯腹中不溢出为宜。酒太多不易快速温热,难以充分品尝到酒香。使用时以手掌托着杯身,让手的温度传入杯中使酒升温,并轻轻摇晃杯子,这样可以充分享受杯中的酒香。

图1-6

图1-7

(2) 飓风杯　是一种新式鸡尾酒杯,多用于盛载冰冻鸡尾酒等,一般为12～16盎司,如图1-8所示。

(3) 雪利酒杯　矮脚、小容量,一般为2盎司左右,专用于盛放雪利酒,如图1-9所示。

(4) 格兰凯恩闻香杯　略微宽大的杯腹可以容纳足够分量的威士忌,如图1-10所示。杯腹将香气凝聚,再从杯口释放出来,杯缘没有外翻或内缩的设计。一般为6～7盎司,适用于各种威士忌和烈酒。

图 1-8　　　　　　　图 1-9　　　　　　　图 1-10

### 3. 高脚杯系列

（1）鸡尾酒杯　又叫马天尼酒杯，通常呈倒三角或倒梯形，如图 1-11 所示。一般为 4.5 盎司左右，专门用来盛放马天尼、曼哈顿等鸡尾酒。

（2）玛格丽特杯　高脚、阔口、浅型碟身，专用于盛放玛格丽特鸡尾酒，如图 1-12 所示。

（3）利口酒杯　形状小，主要盛放净饮利口酒，如图 1-13 所示。一般为 1~1.5 盎司的小型有脚杯，杯身为管状，可以用来饮用五光十色的利口酒，还可以用来盛彩虹酒等。

图 1-11　　　　　　　图 1-12　　　　　　　图 1-13

（4）酸酒杯　通常把带有柠檬味的酒称为酸酒。酸酒杯用于盛载酸味鸡尾酒和部分短饮鸡尾酒，如图 1-14 所示，一般为 4~6 盎司。

（5）红葡萄酒杯　高脚、大肚，如图 1-15 所示，主要盛放红葡萄酒。

图 1-14　　　　　　　图 1-15

(6) 白葡萄酒杯　高脚，容量比红葡萄酒杯略小，如图 1-16 所示，主要盛放白葡萄酒和桃红葡萄酒。

(7) 碟形香槟杯　高脚、浅身、阔口，如图 1-17 所示，可用于码放香槟塔。

图 1-16

图 1-17

(8) 郁金香形香槟杯　如图 1-18 所示，主要盛载香槟酒和香槟鸡尾酒。

(9) 爱尔兰咖啡杯　是杯体长直的高脚杯，杯体底部呈圆形，一般为 8~10 盎司，如图 1-19 所示。这种酒杯一般比较厚实，耐高温，专门用来制作、盛放爱尔兰咖啡。

图 1-18

图 1-19

(10) ISO 标准品酒杯　杯身造型类似一朵含苞待放的郁金香，通常为 215 ml，也有 410 ml、300 ml 和 120 ml 等不同规格，适用于品尝任何种类的葡萄酒。它不会改变酒的任何风味，可直接展现葡萄酒的风味，被全世界各个葡萄酒品鉴组织推荐和采用。酒类竞赛通常使用这种杯子。无论哪种葡萄酒在 ISO 品酒杯里都是平等的。

其他类型载杯还有朱莉普杯、铜杯、苦艾酒杯、提基杯等。

## 二、鸡尾酒载杯清洁与保管

(1) 载杯的清洗　按照国家食品卫生法规和相关条例要求，为确保食品安全，载杯清洗时通常有冲洗、浸泡、漂洗、消毒、擦干等程序。杯具擦拭的基本方法如下：

① 将酒杯擦杯布展开，将拇指放于内侧，拿住两端。

② 将擦杯布铺于左手掌,右手拿住酒杯,把杯底放在左手掌上。然后,左手握住酒杯,用右手将擦杯布的对角线塞向酒杯的内部。右手的大拇指放在酒杯的中间,其他4指放在酒杯的外侧,靠紧酒杯,将酒杯左右交互旋转擦拭。

③ 擦完之后,用右手拿住酒杯的下部,收放起来。

洗涤和擦拭后的杯具要求干爽、透亮、无污迹、无水迹。

(2) 载杯的消毒方法　主要有高温消毒法和化学消毒法。可采用高温消毒法,也可采用化学消毒法,或者将高温消毒法和化学消毒法结合使用。

(3) 载杯的保管　使用与保管要区分玻璃制品、陶瓷制品、金属制品。

# 任务2　调酒设备与器具

## 一、认识调酒器具

### 1. 调酒壶

（1）三段式调酒壶　又名英式摇酒壶、雪克壶，由壶身、过滤器、壶盖3部分组成，如图2-1所示。用来将各种调酒材料摇匀、混合。有小号、中号、大号3种，容量从250～550 ml不等，以不锈钢材质最为常见。此外，还有合金、镀银的高档产品。

图2-1

（2）波士顿调酒壶　又名美式调酒壶，分为两段式，使用时将两端对扣在一起摇晃，如图2-2所示。材质上有两段，均为不锈钢材质，也有一段为玻璃材质，一段为不锈钢材质的。此种设计便于调酒表演，可直接通过玻璃一段看到壶中酒液混合的过程。波士顿调酒壶比三段式调酒壶容量大，且一般只有一种型号，多用于花式鸡尾酒的调制，故也称为花式调酒壶。

图2-2

## 2. 调酒杯

调酒杯是一种体高、壁厚的玻璃器皿,且常标有刻度,如图 2-3 所示。调酒杯内侧底部呈弧形锅底状,便于搅拌时吧匙稳定于杯底而不滑动。调酒杯常用于调制鸡尾酒,也可以用来盛放冰块及各种饮料。典型的调酒杯一般为 16~17 盎司。

图 2-3

## 3. 量酒器

量酒器一般由不锈钢制成,也有玻璃材质的,如图 2-4 所示。标准的量酒器形状为窄端相连的两个漏斗形,容量一大一小,连接而不互通。每个量酒器两头均可用,有 0.5~1 盎司、1~1.5 盎司、1.5~2 盎司 3 种组合,主要是为了满足调酒师制作鸡尾酒时准确用料的要求。此外,量酒器也有不同容量、单独设计的款式。

图 2-4

## 4. 吧匙

吧匙由不锈钢制成,一端为匙,另一端为叉,中间部位呈螺旋状,有大、中、小 3 个型号,如图 2-5 所示。通常用于制作分层鸡尾酒及一些需要用调和法制作的鸡尾酒和取放装饰物。

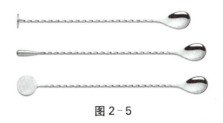

图 2-5

### 5. 鸡尾酒签

鸡尾酒签是由塑料或不锈钢制成的细短签,颜色、款式可随意定制,如图 2-6 所示。五颜六色的鸡尾酒签在用来穿插鸡尾酒装饰物的同时,也给鸡尾酒添色不少。根据鸡尾酒签的质地,可自行决定是否把它作为一次性用品。

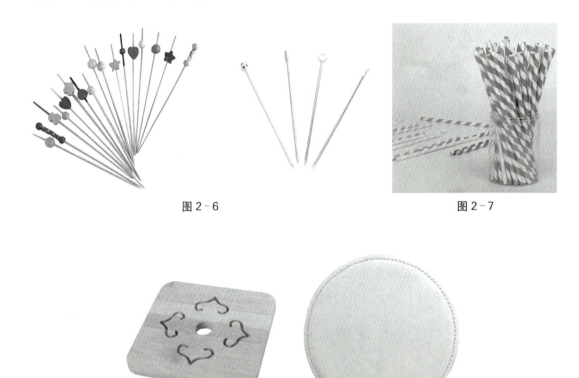

图 2-6　　　　　　　　　　图 2-7

图 2-8

### 6. 吸管

如图 2-7 所示,吸管有单色或多色,可随意定制,除可用于喝饮料外,还起到一定装饰作用,为一次性低值易耗品。以前塑料吸管较常见,现多为纸质、可降解材料制成的吸管。

### 7. 杯垫

杯垫通常由硬纸、硬塑料、胶皮、布等材料制成,有圆形、方形、三角形等多种形状,如图 2-8 所示。一般情况下,杯垫可重复使用。

#### 8. 开瓶器

开瓶器通常由不锈钢制成,其造型、颜色多种多样,一般一端为扁形钢片,另一端为镂空状,用于开启听装饮料和瓶装啤酒,如图 2-9 所示。

#### 9. 酒钻

酒钻又称为调酒师之友、海马刀等,是酒吧用于开启葡萄酒的专用开瓶工具,由小刀、螺旋状钢钻、杠杆器组成,如图 2-10 所示。

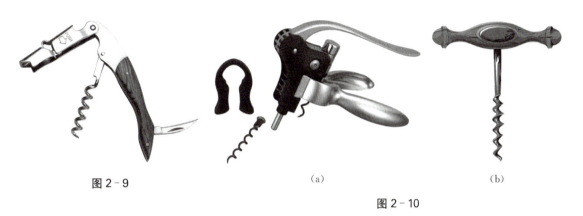

图 2-9　　　　　　　　　　（a）　　　　　　　　（b）

　　　　　　　　　　　　　　　　图 2-10

#### 10. 滤冰器

滤冰器一般由不锈钢制成,呈扁平状,上面均匀排列着滤水孔,边缘围有弹簧,如图 2-11 所示,通常与调酒杯配合使用。主要用于制作鸡尾酒时过滤冰块。

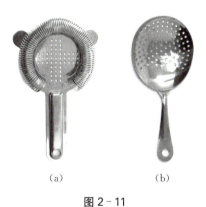

（a）　　　　（b）

图 2-11

#### 11. 冰夹

冰夹由不锈钢或塑料制成,头部呈齿状,有利于冰块的夹取,如图 2-12 所示。除夹冰块外,也可夹取水果。

#### 12. 冰桶

冰桶由不锈钢或玻璃制成,桶口边缘有两个对称把手,如图 2-13 所示。由不锈钢制成的冰桶多呈原色和镀金,主要用于放冰块、温烫米酒或冰镇白葡萄酒等。由玻璃制成的冰桶体积较小,可盛放少量冰块,满足顾客不断加冰的需要。

图 2-12　　　　　　　　　　　　图 2-13

### 13. 冰铲
冰铲由不锈钢或塑料制成，主要用于盛铲冰块，如图 2-14 所示。

### 14. 葡萄酒冰桶
葡萄酒冰桶为不锈钢制成，由桶和桶架两部分组成。桶身较大，主要用于冰镇白葡萄酒、桃红葡萄酒、香槟和起泡酒。配上桶架置于顾客桌旁，保持酒液的温度。

### 15. 砧板
砧板由有机塑料制成，如图 2-15 所示，制作果盘和鸡尾酒装饰物时使用。

### 16. 酒吧水果刀
酒吧水果刀一般为不锈钢材质，体积较小，如图 2-16 所示，主要用于装饰水果的切割。

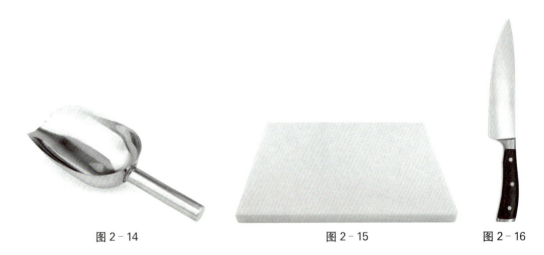

图 2-14　　　　　　　　图 2-15　　　　　　　　图 2-16

### 17. 酒嘴
酒嘴有不锈钢和塑料两种，具有密封性好、倾倒顺畅等特点，插入瓶口即可使用，如图 2-17 所示。酒嘴主要是为了控制酒水流速，特别在花式调酒中是必不可少的，目的是使调酒表演更加连贯、顺畅。

### 18. 香槟塞
常见的香槟塞有不锈钢和塑料两种。由于大多数香槟容量较大，且价格相对较高，为便

(a)

(b)

图 2-17

于打开后剩余酒液的储存,设计了此塞,解决了原装塞打开后不能插回的问题。

19. 宾治盆

宾治盆有玻璃和不锈钢两种,用来调制和盛放量大的混合饮料,如图 2-18 所示。宾治盆容量有大有小,一般还配有宾治杯和宾治勺。

20. 冰锥

冰锥用来切分冰块,有三头和单头两种,如图 2-19 所示。

图 2-18

图 2-19

21. 柠檬压榨器

柠檬压榨器由不锈钢制成,形状与橙子榨汁器上端圆锥形钻头相似,如图 2-20 所示。瓶装柠檬汁不能满足调酒师对品质的追求,很多鸡尾酒都需要使用柠檬压榨器获得的新鲜柠檬汁调制。

(a)

(b)

图 2-20

#### 22. 水果压榨器

水果压榨器专门用来压榨汁液丰富的柑橘、柳橙、西瓜等水果,如图 2‑21 所示。

#### 23. 擦杯布

擦杯布是用来擦拭杯子的清洁用布,以吸水性强的棉质材料为佳。

#### 24. 酒吧垫

酒吧垫即铺在操作台上,用于放杯子或调酒工具等物品的垫子。如果直接将清洗过的杯子或调酒工具放在吧台上会有水渍,应将其放在酒吧垫上。酒吧垫上的小格子会保存一部分水,避免操作台到处是水。

图 2‑21

#### 25. 碾棒

如图 2‑22 所示,碾棒用来捣压香草、香料、水果等,让其芳香散发出来,而口味却不遭到破坏,从而释放出它们的味道并将其注入饮料之中。例如,莫吉托鸡尾酒就需要将薄荷叶与青柠用碾棒来捣压。

(a)　　　　　　　　(b)

图 2‑22

#### 26. 漏斗

漏斗是将酒液或饮料从一个容器倒入另一个容器时所使用的工具,可达到快捷、准确、无浪费的目的。为了保证酒的口味纯正,酒吧使用的漏斗多为不锈钢质地。

## 二、调酒工具清洁与保管

调酒工具如吧匙、量酒器、调酒壶、电动搅拌机等,通常只接触酒水,不接触顾客,所以使用后只需直接用自来水冲洗干净就可以。但要注意:吧匙、量酒器不用时一定要浸泡在干净的水中,并要经常换水。调酒壶、电动搅拌机每使用一次要清洗一次。

# 模块四　酒与调饮

## 项目十一　基本调酒技巧

掌握基础的调酒技巧,从而培养自学和创新能力。

熟练掌握基础调酒技巧的操作要领、训练方法并能独立操作。

本任务要求通过本部分内容的学习,熟记基础调酒技巧的操作要领。

基本调酒技巧涵盖了从工具掌握到持续学习等多个方面,每个方面都对调酒师的专业素养和服务能力有着重要影响。通过系统地实施,调酒师可以不断提升自己的技能水平,为顾客提供更加优质和个性化的调酒体验。

 任务实施

通过不断学习和实践,掌握基本调酒技巧专业知识、技能,培养细心的态度,更好地满足顾客的需求,提供高品质的调酒服务。

# 任务1 摇 和 法

## 一、摇和法概述

### 1. 摇和法的含义

当鸡尾酒的配方中含有柠檬汁、糖浆、鲜奶、奶油、蛋清等不易混合的材料时,须用调酒壶摇匀。摇和法是将配方中的材料按标准容量依次倒入有冰块的调酒壶中,经过一段时间的摇和,过滤冰块,将酒水倒入载杯中。摇和法调制出来的鸡尾酒口感更加怡人,多使用鸡尾酒杯盛装。

### 2. 摇和法的两种手法

(1)单手摇和 通常使用250 ml的调酒壶。右手食指卡住壶盖,用大拇指、中指、无名指、小指夹住壶体两边,手心不与壶体接触,依靠手腕的力量用力摇晃,使液体充分混合。摇壶时,尽量手腕用力,手臂在身体右侧自然上下摆动。单手摇的要求:力量大、速度快、有节奏、动作连贯。

(2)双手摇和 最常用的摇和法,使用容量为350和550 ml的调酒壶。左手中指、无名指托住壶底,食指及小指夹住壶身,大拇指压住过滤网;右手的大拇指压住壶盖,其余4指贴住壶身。双手将调酒壶拿起,壶头朝向身体,壶底朝外,斜向用力摇晃。要求两臂略抬起,做伸屈动作,双手拿壶,手腕呈三角形,靠身体一侧摇动。

## 二、摇和法操作程序

### 1. 摇和法使用工具

摇和法使用工具包括英式摇酒壶、量酒器、冰铲、冰夹、冰桶、滤冰器、载杯、杯垫、口布等。

### 2. 摇和法规范操作程序

① 检查调制鸡尾酒所需材料与装饰物原料是否齐全、整洁、干净。
② 检查载杯清洁情况,确保载杯无指纹、口红印迹、裂痕等。
③ 调制短饮类鸡尾酒要提前冰杯。
④ 在摇酒壶中加入冰块,八分至九分满。
⑤ 示酒。将酒瓶倾斜,使其与水平面呈45°,将酒标正面朝向顾客,以展示调制所需酒水原料。

饮品制作

⑥ 开瓶。尽量握紧酒瓶,避免剧烈晃动。

⑦ 使用量酒器,按配方规定的量往摇酒壶中倒入酒水原料。先加基酒,再加其他酒类材料,最后量取、加入非酒类材料。

⑧ 先盖上过滤网,再盖上壶盖,用力摇和,直至调酒壶表面起薄霜。

⑨ 调制短饮类鸡尾酒,应把载杯中的冰块倒掉。取下调酒壶的盖子,务必用食指压住过滤网(以防过滤网脱落),将摇和好的酒水滤入杯中,调酒壶中不残留酒液。

⑩ 在载杯口放上制作好的装饰物。

⑪ 将调制好的鸡尾酒放在杯垫上,并示意顾客慢用。

⑫ 将酒水原料归位,清洗调酒工具,最后整理吧台。

### 3. 摇和法操作的注意事项

① 不能加入碳酸类饮料。

② 摇酒时摇酒壶不应正面对着顾客,应侧身将摇酒壶在身体左上方或右上方摇和。

③ 熟练操作,先放入冰块,最后加入基酒以及辅料。

④ 手掌不能接触壶身,避免手掌的温度加速冰块融化,影响酒的口感。

⑤ 当材料中有鲜奶、奶油、糖浆、蛋清等不易混合的材料时,摇和次数和力道要加倍,使所有材料充分混合。

⑥ 根据酒谱,使用量酒器量取规定的配方材料。

⑦ 调制动作要规范、流畅、有观赏性,避免滴洒浪费酒水的情况发生。

# 任务2 调和法

## 一、调和法概述

调和法是使用吧匙将酒水材料调和均匀的方法,分为两种,即调和、调和与滤冰。

(1) 调和  在酒杯中加入冰块,再根据酒谱将配方材料按标准量倒入酒杯中,用吧匙调和均匀,使所有材料冷却并混合。此方法调制的酒水常用柯林杯或海波杯作载杯。

(2) 调和与滤冰  在调酒杯中加入冰块,再根据酒谱将配方材料按标准量倒入调酒杯中;用吧匙调和均匀后,用滤冰器过滤冰块,将酒水倒入载杯中。此方法常用于调制烈性的鸡尾酒,酒水材料清澈,酒味较辛辣,后劲较强,如曼哈顿、干马天尼。

## 二、调和法操作程序

### 1. 调和法使用工具

调和法使用工具包括调酒杯、吧匙、滤冰器、量酒器、冰铲、冰夹、冰桶、载杯、杯垫、口布、吸管、搅拌棒等。

### 2. 调和法规范操作程序

① 检查调制鸡尾酒所需材料与装饰物原料是否备齐、整洁、干净。

② 检查载杯清洁情况,确保载杯无指纹、口红印迹、裂痕等。

③ 先在调酒杯或载杯中放入冰块。

④ 示酒。将酒瓶倾斜,与水平面呈45°,将酒标正面朝向顾客,以展示调制所需酒水原料。

⑤ 开瓶。尽量握紧酒瓶,避免剧烈晃动。

⑥ 使用量酒器,按配方规定的量往调酒杯里量入酒水原料;先加基酒,再加其他酒类材料,最后量取、加入其他非酒类材料。

⑦ 左手大拇指与食指、中指握住调酒杯底部,右手中指与无名指夹住吧匙;通过手腕发力,无名指推动吧匙按顺时针方向旋转搅拌。

⑧ 短饮类:待调酒杯外有水汽析出,酒液充分混合,搅拌结束;用滤冰器卡住调酒杯杯口,将酒滤入载杯中,再加装饰物。

⑨ 长饮类:待载杯外有水汽析出,酒液充分混合,搅拌结束,放上装饰物,最后插入吸管和搅拌棒。

⑩ 将调制好的鸡尾酒放在杯垫上,并示意顾客慢用。
⑪ 将酒水原料归位,清洗调酒工具,最后整理吧台。

### 3. 调和法操作注意事项

① 调和整体动作幅度小,动作轻柔,右手不能顺着吧匙上下滑动。
② 吧匙的背部必须紧贴调酒杯的内壁,以充分混合酒液,不可随意乱搅。
③ 吧匙放入或取出时,吧匙的背部应向上,避免多余的酒液滴落杯外。
④ 调和过程中尽量不发出声音。
⑤ 吧匙应浸泡在干净的水中,浸泡的水需经常更换。
⑥ 应注意调和速度不宜过快,防止酒液溢出杯外。
⑦ 调和时间不宜过长,通常调和时间为 5 s 左右,可调和 10～15 次。
⑧ 调制动作规范、流畅、有观赏性,避免滴洒浪费酒水情况发生。

# 任务3 兑 和 法

## 一、兑和法概述

兑和法是最传统的鸡尾酒调制方法,直接将调酒所需材料倒入杯里,无须搅拌。兑和法分为两种,即直接兑和法和分层法。

(1)直接兑和法 将酒谱配方中的酒及其他材料依据标准量直接倒入杯里,不需搅拌。

(2)分层法 根据酒水含糖量的不同,按照含糖量从低到高的顺序将不同材料依次兑入杯中,形成层次。操作方法是将吧匙倒扣于杯中并贴紧杯壁,依次将材料慢慢倒在吧匙背部,使其流入杯中,一层一层,最终出现分层效果。

## 二、兑和法操作程序

### 1. 兑和法使用工具

兑和法使用工具包括量酒器、吧匙、冰铲、冰夹、冰桶、载杯、杯垫、口布、吸管、搅拌棒等。

### 2. 兑和法规范操作程序

(1)直接兑和法 程序如下:

① 检查调制鸡尾酒所需材料与装饰物原料是否备齐、清洁、干净。

② 检查载杯清洁情况,确保载杯无指纹、口红印迹、裂痕等。

③ 在载杯中先放入冰块。

④ 示酒。将酒瓶倾斜,与水平面呈45°,将酒标正面朝向顾客,以展示调制所需酒水原料。

⑤ 开瓶。尽量握紧酒瓶,避免剧烈晃动。

⑥ 使用量酒器,按配方规定的量向载杯中倒入酒水原料。

⑦ 载杯口放入制作好的装饰物,再插入吸管与搅拌棒。

⑧ 将调制好的鸡尾酒放在杯垫上,并示意顾客慢用。

⑨ 将酒水原料归位,清洗调酒工具,最后整理吧台。

(2)分层法 程序如下:

① 检查调制鸡尾酒所需材料与装饰物原料是否备齐、整洁、干净。

② 检查载杯清洁情况,确保载杯无指纹、口红印迹、裂痕等。

③ 示酒。将酒瓶倾斜,与水平面呈45°,将酒标正面朝向顾客,以展示调制所需酒水

原料。

④ 开瓶。尽量握紧酒瓶,避免剧烈晃动。

⑤ 根据个人习惯,一手拿吧匙,另一只手将装有酒水的量酒器贴着吧匙背面,把酒缓缓倒入载杯中,产生分层效果。

⑥ 将调制好的鸡尾酒放在杯垫上,并示意顾客慢用。

⑦ 将酒水原料归位,清洗调酒工具,最后整理吧台。

### 3. 兑和法操作注意事项

① 调制动作规范、流畅、有观赏性,避免滴洒浪费酒水情况发生。

② 分层法:将吧匙斜插入杯中,吧匙背面朝上,紧贴载杯内壁;将酒液从吧匙背部缓缓倒入杯内;根据成品材料的含糖量大小逐次倒入杯中,将酒液分层调制。

③ 分层法出品要点:清楚知道鸡尾酒调制所需酒水材料的比重;各种酒比重不同,不可乱序;每完成一层需清洗擦干量酒器和吧匙后再继续使用。使用量酒器倒入酒水材料时,动作要轻,速度要慢,要避免摇晃,以防各层混合;要求不同酒液之间的界限清晰;要求各分层高度大约相等,层次分明。

# 任务4 搅和法

## 一、搅和法含义

搅和法是把酒水与冰块、菠萝、雪糕等块状水果和固体原料,按酒谱配方标准分量放进电动搅拌机中,启动电动搅拌机运转10 s;然后,连碎冰带混合酒水一起倒入载杯中。此方法可以制作出有冰沙、泡沫的饮品。用这种方法调制的酒水多使用平底高杯盛装。

## 二、搅和法操作程序

### 1. 搅和法使用工具

搅和法使用工具包括搅拌机、量酒器、冰铲、冰桶、载杯、杯垫、口布、吸管、搅拌棒等。

### 2. 搅和法规范操作程序

① 检查调制鸡尾酒所需材料与装饰物原料是否齐全、整洁、干净;检查搅拌机是否安装齐全。

② 检查载杯清洁情况,确保载杯无指纹、口红印迹、裂痕等。

③ 示酒。将酒瓶倾斜,与水平面呈45°,将酒标正面朝向顾客,以展示调制所需酒水原料。

④ 开瓶。尽量握紧酒瓶,避免剧烈晃动。

⑤ 使用量酒器,按配方规定的量往搅拌杯量入酒水原料。

⑥ 在搅拌杯内加入冰块(碎冰),最后倒入非酒类材料。

⑦ 将搅拌杯放进搅拌机中,启动搅拌机搅拌约10 s。

⑧ 将混合好的成品倒入载杯中,在载杯口放上制作好的装饰物,插入吸管与搅拌棒。

⑨ 将调制好的鸡尾酒放在杯垫上,并示意顾客慢用。

⑩ 将酒水原料归位,清洗搅拌机,最后整理吧台。

### 3. 搅和法操作注意事项

① 插上电源,打开电源开关,指示灯亮,调整调速旋钮从左到右(由低速到高速),至所需搅拌的速度即可。

② 使用完毕立即将搅拌杯清洗干净。

③ 电动搅拌机不工作时应切断电源,要确保安全,并保持仪器清洁干燥。

④ 当天营业结束时,搅拌杯消毒。

⑤ 碳酸类饮料不可放入电动搅拌机。
⑥ 水果材料必须新鲜,固体原料需要用刀处理,尺寸以 1~2 cm³ 为宜。
⑦ 冰块建议使用碎冰;如果有水果,先放入水果,再放入碎冰,以防水果氧化。
⑧ 调制动作规范、流畅、有观赏性,避免滴洒浪费酒水情况发生。

# 任务5 花式调酒技术

花式调酒起源于20世纪美国的星期五餐厅,20世纪80年代开始盛行于欧美各国,现在风靡全球。花式调酒也叫美式调酒。最大的特点是在传统的英式调酒过程中运用酒瓶、调酒壶、酒杯等调酒工具表演令人赏心悦目、吸引顾客注意力的调酒动作。其目的是活跃酒吧气氛,吸引顾客,提高娱乐性,增强观赏性,提高酒水销售量。

摇和法、调和法、兑和法、搅和法等英式调酒技应严格遵循行业规范与操作标准。花式调酒由调酒师利用酒瓶、美式调酒壶等调酒用具自行设计抛、掷、转及喷火等类似杂技的动作,追求自由、创新。

# 模块四 酒与调饮

## 项目十二 蒸馏酒的鸡尾酒调制

掌握经典鸡尾酒调制的操作要领和训练方法,从而培养创新能力。

1. 了解金酒、白兰地等六大基酒的含义、起源、主要产地,掌握六大基酒的名品。
2. 了解中国白酒的基础知识。
3. 了解以蒸馏酒为基酒的7种经典鸡尾酒的调制方法。

基酒又名酒基、底料、主料,在鸡尾酒中起决定性作用,是鸡尾酒中的核心要素。完美的鸡尾酒需要基酒有广阔的胸怀,能容纳各种加香、呈味、调色的材料。选择基酒的首要标准是酒的品质、风格、特性,其次是价格。用品质优良、价格适中的酒做基酒,既能保证利润空间,又能调出令人满意的酒。选择基酒需要一定的技巧。

 **任务分析**

不同类型的蒸馏酒,如伏特加、威士忌、朗姆酒等,具有各自独特的口感和风味,为鸡尾酒提供了基础的味道框架。

 **任务实施**

将基酒理论知识转化为实践操作,涉及材料准备、工具选择、调制步骤执行以及最终的呈现与品尝。

蒸馏酒是以谷物、薯类、蜜糖等为主要原料,经发酵、蒸馏、陈酿、调配而制成,酒精度一般为 40～96％ vol。因原料和制作工艺不同,蒸馏酒的种类数不胜数,风格迥异,世界七大蒸馏酒分别是白兰地、威士忌、伏特加、金酒、朗姆酒、特基拉、中国白酒。调酒师应根据顾客的不同需求,运用掌握的酒水知识,准确为顾客调制鸡尾酒,尽可能提高顾客满意度。

# 任务1 白兰地

## 一、白兰地概述

"白兰地"来源于荷兰语,意为可燃烧的酒。白兰地有广义和狭义之分。从广义上讲,所有以水果为原料,经过发酵、蒸馏而成的酒都称为白兰地。狭义上,白兰地是指以葡萄为原料,经发酵、蒸馏、贮存、调配而成的酒。若以其他水果为原料制成的蒸馏酒,则在白兰地前面冠以水果的名称,如苹果白兰地、樱桃白兰地等。常见的白兰地如图1-1所示。

图1-1

以葡萄酒为原料,经过破碎、发酵等程序,得到酒精度较低的葡萄原酒,蒸馏后得到无色烈酒;再放入木桶中储存、陈酿,勾兑后达到理想颜色、芳香味道和酒精度,从而得到优质白兰地;最后,将勾兑好的白兰地装瓶,大约10加仑(约45.5l)的葡萄酒可生产1加仑(约4.54l)

的白兰地。白兰地的生产工艺可谓独到精湛,特别讲究陈酿的时间和勾兑的技艺。

## 二、以白兰地为基酒的鸡尾酒调制

### 春天

如图1-2所示。

**配料** 白兰地45 ml、蔗糖糖浆15 ml、柠檬、薄荷、牙签。

**主要用具** 量酒器、摇酒壶、鸡尾酒杯。

**调制方法** 摇和法。

**调饮步骤**

**步骤1**:摇酒壶中加入冰块,如图1-3所示。

图1-2

图1-3

**步骤2**:再加入45 ml白兰地、15 ml蔗糖糖浆,如图1-4所示。

(a)

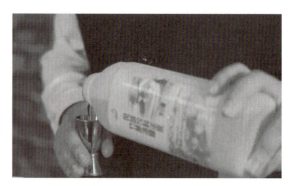

(b)

图1-4

**步骤3**:盖紧壶帽,采用摇和法摇匀,如图1-5所示。
**步骤4**:滤冰倒出酒液,挤入柠檬汁,如图1-6所示。
**步骤5**:用牙签固定柠檬皮、薄荷叶,装饰出品,如图1-7所示。

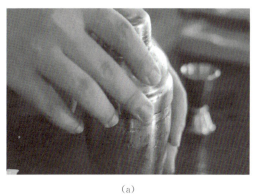 

(a) (b)

图 1-5

(a) (b)

图 1-6

(a) (b)

图 1-7

**小贴士**

1. 柠檬汁的多少根据顾客需求进行添加。
2. 制作迅速,防止冰块过度融化使酒液味道寡淡。

# 任务2 威士忌

## 1. 威士忌概述

威士忌是以大麦、黑麦、燕麦、小麦、玉米等谷物为原料,经发酵、蒸馏后放入橡木桶中陈酿,再经过勾兑而制成的烈性酒精饮料。威士忌是谷物蒸馏酒中具有代表性的酒品之一。使用的原料品种和数量比例不同,麦芽生长的情况、烘烤麦芽的方法、蒸馏的方式、储存用的橡木桶、储存年限及勾兑技巧有别,威士忌的特点和风味也不相同。常见的威士忌如图2-1所示。

|  |  |  |  |  |
|---|---|---|---|---|
| 皇家礼炮21年<br>Royal Salute 21 yrs | 百龄坛<br>Ballantine's | 尊尼获加<br>Johnnie Walker | 珍宝<br>J&B | 帝王<br>Dewar's |

图2-1

威士忌的制作方法经爱尔兰传到了苏格兰,威士忌的酿酒技术在苏格兰得到发扬光大。威士忌的酒精度通常在40% vol以上,酒体呈浅棕红色,气味焦香。苏格兰威士忌具有传统的麦芽和泥炭烘烤的香气,而其他地方生产的威士忌味道较柔和,各有特色。

威士忌的生产国大多是以英语为母语的国家,世界著名的威士忌按生产国别(地区)命名,有苏格兰威士忌、爱尔兰威士忌、美国威士忌和加拿大威士忌等,其中以苏格兰威士忌最为著名。

## 2. 威士忌酸酒

如图2-2所示。

**配料** 威士忌45 ml、柠檬汁30 ml、蔗糖糖浆15 ml、柠檬片。

**主要用具** 量酒器、摇酒壶、鸡尾酒杯。

**调制方法** 摇和法。

**调饮步骤**

**步骤1**:浓缩柠檬汁稀释后待用。

**步骤2**:摇酒壶中加入威士忌45 ml、蔗糖糖浆15 ml,如图2-3所示。

图2-2

图2-3

**步骤3**:鸡尾酒杯中加入冰块待用。

**步骤4**:摇酒壶中加入冰块,摇匀,如图2-4所示。

图2-4

**步骤5**:将酒液滤冰倒入鸡尾酒杯。

**步骤6**:柠檬片装饰,出品。

**小贴士**

1. 柠檬汁也可以选用新鲜柠檬,味道更佳。
2. 可以根据个人的口味调整糖浆的用量。

# 任务3 伏 特 加

1. 伏特加概述

伏特加原始酿造工艺由意大利的热那亚人传入俄罗斯。直到1654年,伏特加才在民间流传开来。传统的优质伏特加用纯大麦酿造,随着需求量的逐步增加,也开始以玉米、小麦、马铃薯等农作物为酿造原料。经过发酵、蒸馏、过滤和活性炭脱臭处理等后,酿成高纯度的烈性酒伏特加,数十年后,这款甘洌醇香、纯净透明的烈性酒点燃了整个俄罗斯。常见伏特加如图3-1所示。

| 斯皮亚图斯<br>Spirytus<br>产地:波兰 | 维波罗瓦<br>Wyborowa<br>产地:波兰 | 终极<br>Ultimat<br>产地:波兰 | 肖邦<br>Chopin<br>产地:波兰 | 雪树<br>Belvedere<br>产地:波兰 |
|---|---|---|---|---|
| 苏联红牌<br>Stolichnaya<br>产地:俄罗斯 | 苏联绿牌<br>Moskovskaya<br>产地:俄罗斯 | 斯丹达<br>Standard<br>产地:俄罗斯 | 艾达龙<br>Etalon<br>产地:俄罗斯 | 芬兰迪亚<br>Finlandia<br>产地:芬兰 |

图3-1

## 2. 海岸

图 3-2

如图 3-2 所示。

**配料** 伏特加 30 ml、桃子利口酒 30 ml、菠萝汁 60 ml、小红莓汁 60 ml。

**主要用具** 量酒器、摇酒壶、鸡尾酒杯。

**调制方法** 摇和法。

**调饮步骤**

**步骤 1**：摇酒壶中加入伏特加 30 ml、桃子利口酒 30 ml、菠萝汁 60 ml、小红莓汁 60 ml、适量冰块，如图 3-3 所示。

**步骤 2**：摇酒壶盖紧壶帽，摇匀。

**步骤 3**：酒液滤冰倒入鸡尾酒杯，加入冰块，如图 3-4 所示。

图 3-3

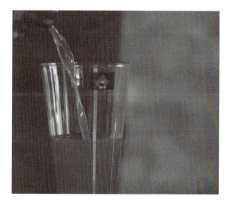

图 3-4

**步骤 4**：吸管装饰，出品。

> **小贴士**
>
> 1. 你也可以选择用新年水果，例如蔓越莓、菠萝等装饰，可以增加美感，还能在饮用时增添果香。
> 2. 载杯使用高脚玻璃杯更能够展示鸡尾酒的色泽，也方便握持。

# 任务4 金 酒

### 1. 金酒概述

金酒又称杜松子酒,是以谷物为原料,经过糖化、发酵、蒸馏,再同植物的根茎及香料一起进行二次蒸馏而制成的酒。欧盟关于烈酒的规定中,金酒的酒精度应不低于37.5% vol。常见的金酒如图4-1所示。

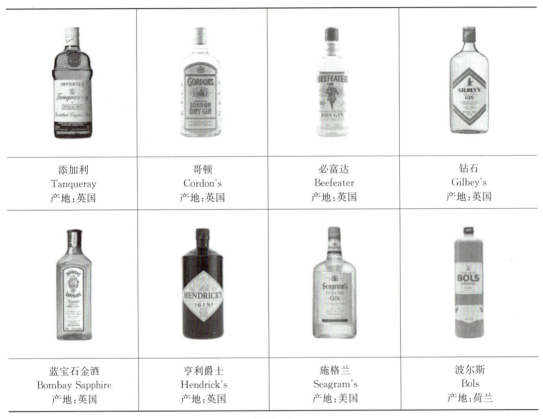

图4-1

金酒最早于1660年酿造,荷兰莱顿大学医学院一位名叫西尔维亚斯的教授发现杜松子有利尿作用,于是将杜松子浸泡在酒精中,然后蒸馏出一种含有杜松子成分的药用酒。临床发现,这种酒还同时具有健胃、解热等功效,很受消费者欢迎。

金酒在荷兰面世,却在英国发扬光大。17 世纪,杜松子酒由英国海军带回伦敦,很快打开了市场,很多制造商在伦敦大规模生产金酒。随着生产技术的不断发展和蒸馏技术的进一步提高,英国金酒逐渐演变成一种与荷兰杜松子酒口味截然不同的清淡型烈性酒。

### 2. 金菲士

如图 4-2 所示。

**配料** 金酒 50 ml、柠檬汁 20 ml、必得利石榴汁 10 ml、苏打水。

**主要用具** 量酒器、摇酒壶、鸡尾酒杯。

**调制方法** 摇和法。

**调饮步骤**

**步骤 1**:载杯中加入冰块备用。

**步骤 2**:摇酒壶中加入冰块,加入金酒 50 ml、必得利石榴汁 10 ml、柠檬汁 20 ml,如图 4-3 所示。

图 4-2

(a)

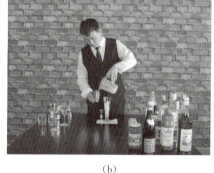
(b)

图 4-3

**步骤 3**:将摇酒壶盖紧,摇匀,如图 4-4 所示。

**步骤 4**:将酒液滤冰,倒入鸡尾酒杯,苏打水补满,如图 4-5 所示。

图 4-4

图 4-5

**步骤 5**：可以装饰，也可以不装饰，直接出品。

**小贴士**

1. 柠檬汁也可以选用新鲜柠檬，味道更佳。
2. 苏打水要选择品质好、气泡丰富且持久的品牌。

# 任务5 朗姆酒

1. 朗姆酒概述

朗姆酒是以甘蔗汁或蜜糖为原料,经发酵、蒸馏、陈酿、调配而成的一种蒸馏酒。朗姆酒素来就有"海盗之酒"之称,主要产区集中在盛产甘蔗及蔗糖的地区,如牙买加、古巴、海地、多米尼加、波多黎各等加勒比海沿岸的一些国家和地区,其中以牙买加、古巴生产的朗姆酒较有名。朗姆酒分为白朗姆酒、金朗姆酒、黑朗姆酒、香料朗姆酒。常见的朗姆酒如图5-1所示。

| 百加得白<br>Bacardi Superior White Rum<br>产地:古巴 | 摩根船长金朗姆<br>Captain Morgan Original Spiced Gold<br>产地:牙买加 | 美雅士黑<br>Myers's Original Dark<br>产地:牙买加 | 哈瓦纳俱乐部白朗姆<br>Havana Club Anejo Blanco<br>产地:古巴 |
| --- | --- | --- | --- |
| 布里斯托尔<br>Bristol Black Spiced Rum<br>产地:英格兰 | 奇峰<br>Mount Gay Rum<br>产地:巴巴多斯 | 卡查萨<br>Cachaca<br>产地:巴西 | 邦达伯格<br>Bundaberg<br>产地:澳大利亚 |

图 5-1

饮品制作

### 2. 黛绮莉

如图 5-2 所示。

**配料** 白朗姆酒 45 ml、柠檬汁 30 ml、糖浆一吧匙。

**主要用具** 量酒器、摇酒壶、吧匙、鸡尾酒杯。

**调制方法** 摇和法。

**调饮步骤**

步骤 1：摇酒壶加入适量冰块，白朗姆酒 45 ml、柠檬汁 30 ml、糖浆一吧匙，摇匀。

步骤 2：酒液滤冰倒入鸡尾酒杯，出品。

图 5-2

> **小贴士**
>
> 1. 你还可以根据个人喜好添加少量青柠汁来增加鸡尾酒风味的复杂度。
> 2. 载杯使用马天尼杯等宽口杯来呈现，方便饮用者品尝香气。

# 任务6 特基拉

## 1. 特基拉概述

特基拉是墨西哥特有的烈性酒,是用蓝龙舌兰酿造而成的。由于它的产地主要集中在特基拉镇一带,故酿造出的酒称为特基拉。

龙舌兰从栽培到收割要8～10年时间。将其根部切割成块,用蒸汽锅蒸,使其糖化,经过榨汁后就可以得到一种甜味的汁液。这种汁液经过发酵和连续蒸馏,就会生产出酒精度达到45％vol左右的特基拉。根据颜色以及储存年份,可将特基拉分为白色特基拉、淡色特基拉、金色特基拉、香醇特基拉。常见的特基拉酒如图6-1所示。

| 豪帅快活 | 豪帅快活传统 | 索查 | 索查泰莱珍 |
| Jose Cuervo | Jose Cuervo Tradicional | Sauza | Sauza Tres Generaciones |

| 1800 特基拉 | 唐胡里奥银色特基拉 | 唐胡里奥微陈特基拉 | 唐胡里奥陈年特基拉 |
| 1800 Tequila | Don Julio Blanco | Don Julio Reposado | Don Julio Anejo |

图6-1

### 2. 特基拉日出

如图 6-2 所示。

**配料**　龙舌兰酒 60 ml、橙汁 100 ml、柠檬汁 10 ml、必得利石榴汁 20 ml。

**主要用具**　量酒器、摇酒壶、吧匙、鸡尾酒杯。

**调制方法**　调和法。

**调饮步骤**

步骤 1：摇酒壶加入适量冰块，龙舌兰酒 60 ml、橙汁 100 ml、柠檬汁 10 ml、石榴汁 20 ml，摇匀。

步骤 2：酒液滤冰倒入鸡尾酒杯，如图 6-3 所示，出品。

图 6-2

图 6-3

**小贴士**

1. 也可以使用兑和法制作，增加层次感。
2. 你也可以尝试在鸡尾酒杯里加冰块。

# 任务7 中国白酒

## 1. 中国白酒概述

白酒是指以粮谷为主要原料,用大曲、小曲、麸曲、酶制剂及酵母等为糖化发酵剂,经蒸煮、糖化、发酵、蒸馏、陈酿、勾调而成的蒸馏酒。中国白酒的生产历史悠久,其起源有多种说法,但都未有定论。从龙山文化遗址和大汶口文化遗址中发现了许多酒具,如樽、高脚杯、小壶等,以及大量的文字记载,可以表明中国白酒已有 4 000~5 000 年的历史。

中国白酒是世界著名蒸馏酒之一,与其他国家的烈性酒相比,中国白酒大多具有无色透明、洁白晶莹、馥郁纯净、余香不尽、醇厚柔绵、润泽甘洌、口感丰富、酒体协调、变化无穷的特点,能够给人带来极大的欢愉和享受。常见的白酒如图 7-1 所示。

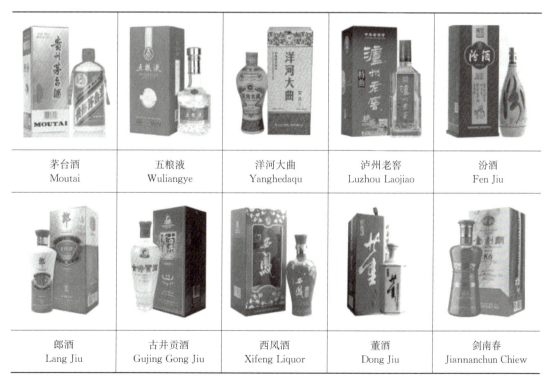

图 7-1

### 2. 浪漫之约

图7-2

如图7-2所示。

**配料** 中国清香型白酒30 ml、草莓利口酒15 ml、牛奶40 ml、玫瑰糖浆10 ml。

**主要用具** 量酒器、摇酒壶、鸡尾酒杯。

**调制方法** 调和法。

**调饮步骤**

**步骤1**：摇酒壶加入适量冰块，中国清香型白酒30 ml、草莓利口酒15 ml、牛奶40 ml、玫瑰糖浆10 ml，如图7-3所示。

**步骤2**：摇酒壶盖紧壶帽，摇匀。

**步骤3**：酒液滤冰倒入鸡尾酒杯，如图7-4所示，出品。

图7-3

图7-4

### 小贴士

1. 清香型白酒口味纯正，清爽淡雅，符合国际的流行口味。
2. 可以使用干玫瑰花瓣进行装饰，更加漂亮。

# 模块五　果蔬与调饮

## 项目十三　果蔬基础知识

素养目标

1. 培养"大食物、大营养、大健康"理念,更好满足人民美好生活需求,更好满足人民日益多元化的食品消费需求。
2. 培养尊重科学、追求卓越、精益求精的工匠精神,让消费者食谱更丰富,餐桌更多彩,舌尖更幸福。
3. 培养创新精神,鼓励思考新的果蔬汁配方或制作工艺,推动行业发展。

# 任务 1　果蔬的营养价值

 学习目标

1. 了解果蔬的基本营养知识。
2. 掌握果蔬搭配原则及果蔬调饮的制作要点。

 任务描述

果蔬汁因其独特的口感和丰富的营养，越来越受到年轻群体的喜爱。现需要你分析蔬菜和水果的营养素的种类和特点。

 任务分析

蔬菜和水果品种繁多，富含人体所必需的维生素、矿物质和膳食纤维；含有各种有机酸和色素，使它们具有良好的感官性状，对增进食欲、促进消化、丰富食物多样性具有重要意义。

 任务实施

本任务主要是系统学习蔬菜和水果的营养素种类及含量，以及蔬菜和水果所含有的功能性成分，为制作营养可口的果蔬汁打下理论基础。

## 一、蔬菜的营养价值

蔬菜按其结构和可食部位，可分为叶菜类，如白菜、菠菜、苋菜、油菜等；根茎类，如萝卜、胡萝卜、藕、竹笋等；瓜茄类，如冬瓜、南瓜、茄子、番茄、辣椒等；鲜豆类，如毛豆、扁豆、菜豆、豌豆等。蔬菜所含营养素因种类不同，差异较大。据全国营养调查的数据，消费量前 15 位的深色蔬菜和前 15 位的浅色蔬菜相比，维生素 C 含量明显高一倍，β-胡萝卜素的含量也高于浅色蔬菜。因此，《中国居民膳食指南》建议膳食中的蔬菜最好有 50% 以上来自黄绿色

蔬菜。

#### 1. 蔬菜的营养素种类与特点

（1）碳水化合物　蔬菜中的碳水化合物包括可被机体吸收利用的单糖、双糖和淀粉及膳食纤维，其种类和含量因蔬菜的品种不同而有很大的差别。大部分不含淀粉的蔬菜碳水化合物含量低，为2%～6%。根茎类蔬菜碳水化合物含量高，如马铃薯为16.5%，藕为15.2%，胡萝卜为7%～8%，鲜豆类为1.5%～4%。叶菜为1%～2.2%，瓜类为0.2%～1%。

蔬菜所含的纤维素、半纤维素等多糖类是人体膳食纤维的主要来源，海藻类的碳水化合物主要是可溶性膳食纤维海藻多糖，如褐藻胶、红藻胶、卡拉胶等。

（2）蛋白质　大部分蔬菜蛋白质含量很低，一般为1%～3%；深绿色叶菜类蛋白质含量较高约为3%；鲜豆类蛋白质含量平均可达4%，其中，毛豆、蚕豆、豌豆的蛋白质含量可达12%左右。必需氨基酸中赖氨酸、蛋氨酸含量较低。

（3）脂肪　蔬菜脂肪含量很低，大多数脂肪含量不超过1%，但是鲜豆类脂肪含量可达5.1%。

（4）维生素　新鲜蔬菜是维生素C、胡萝卜素和叶酸的重要来源，含有少量的维生素B、维生素B2、维生素B6、烟酸等。各种蔬菜都含有一定量的维生素C，一般深绿色蔬菜维生素C含量较浅色蔬菜高。叶菜中的含量较瓜菜中高，如苋菜中维生素C的含量为47 mg/100 g，小白菜为28 mg/100 g，黄瓜为9 mg/100 g。胡萝卜素与蔬菜的颜色密切相关，在绿色、黄色或红色蔬菜中含量较多，如胡萝卜、南瓜、苋菜。习惯上丢弃的芹菜叶、莴苣叶、萝卜叶等，胡萝卜素含量也很丰富，故应加以利用。胡萝卜素是我国居民膳食中维生素A的重要来源。维生素B2和叶酸在绿叶菜中含量较多。

（5）矿物质　蔬菜中含有丰富的矿物质，如钙、磷、铁、钾、钠、镁、铜等，是膳食中矿物质的主要来源，对维持人体内的酸碱平衡起重要作用。绿叶蔬菜含矿物质丰富，一般每100 g含钙在100 mg以上，含铁1～2 mg，如菠菜、雪里蕻、油菜、苋菜含钙较多。但蔬菜中存在的草酸不仅影响本身所含钙和铁的吸收，而且还影响其他食物中钙和铁的吸收。因此，在选择蔬菜时不能只考虑其钙的绝对含量，还应注意其草酸的含量。草酸是一种有机酸，能溶于水，故食用含草酸多的蔬菜如菠菜、苋菜等时，可先在开水中烫一下，去除部分草酸，以利钙、铁等矿物质的吸收。

#### 2. 蔬菜中的功能成分

蔬菜种类繁多，色彩纷呈，含有丰富的色素，如胡萝卜素、番茄红素、花青素等。从蔬菜中提取的天然食用色素，具有较高的安全性。这些天然的色素可清除自由基，具有很强的抗氧化活性，在防治与氧化应激有关的慢性病如冠心病、糖尿病、癌症及延缓衰老方面具有重要作用。

蔬菜的风味是由其不同芳香物质所决定的。蔬菜中的芳香物质是由不同挥发性物质组成的混合物，主要包括醇类、醛类、酮类、萜类和酯类，而葱、蒜则含有一些含硫的化合物。蔬菜中含有多种有机酸，如番茄中有柠檬酸和少量苹果酸、琥珀酸等，能刺激胃肠蠕动和消化液的分泌，有促进食欲和帮助消化的作用，同时也有利于维生素C的稳定。

蔬菜中有一些酶类、杀菌物质和具有特殊功能的生理活性物质成分，如萝卜中的淀粉酶在生食时可帮助消化,生姜中的姜黄素,具有抗氧化、抗菌作用;大蒜中的植物杀菌素和含硫化合物,具有抗菌消炎、降低血清胆固醇的作用;存在于大蒜、大多数蔬菜、草本香辛料、茄科和葫芦科蔬菜中的萜类化合物具有降低血胆固醇水平、增强免疫力的作用;洋葱、甘蓝、番茄中含有生物类黄酮,是天然抗氧化剂,具有清除自由基、抗衰老、抗肿瘤、保护心血管等功能,同时可保护维生素 C、维生素 A、维生素 E 等不被氧化破坏。

## 二、水果的营养价值

水果的种类很多,根据果实的形态和生理特征分为核果类、仁果类、浆果类、柑橘类和瓜果类等。新鲜水果的营养价值因果实的成熟度、品种等不同差异很大,是人体矿物质、单双糖、水溶性膳食纤维和维生素的良好来源。因为水果食用前不需加热,因此特别是热敏性维生素 C 的重要来源。

### 1. 水果的营养价值

新鲜水果含水分较多,营养素含量与蔬菜相比相对较低,蛋白质、脂肪含量不超过 1%。

(1) 碳水化合物　水果中所含碳水化合物为 6%~28%,鲜果中可溶性糖为 10%,干果为 70%~80%。未成熟水果淀粉含量高,成熟后转化为单糖。水果中所含碳水化合物主要是果糖、葡萄糖和蔗糖。不同水果所含的单双糖的种类也不同,苹果和梨以果糖为主,桃子、李子、柑橘类水果以蔗糖为主,葡萄和草莓则以葡萄糖和果糖为主。水果还含有丰富的膳食纤维,主要包括纤维素、半纤维素和果胶。香蕉,特别是生香蕉中抗性淀粉的含量较高。

(2) 矿物质　水果和蔬菜一样含有人体所需的矿物质如钙、钾、钠、镁、磷、铁、锌、铜等,以钾、钙、镁、磷含量较多,除个别水果外矿物质含量差别不大。水果的矿物质含量低于蔬菜。

(3) 维生素　水果中的维生素以维生素 C 和胡萝卜素的含量较多,但是维生素 $B_1$ 和维生素 $B_2$ 的含量低于蔬菜。水果中以鲜枣、猕猴桃、草莓、柑橘类中维生素 C 的含量较多,杧果、柿子、杏等胡萝卜素含量较高,苹果、梨中的维生素 C 含量较低。

### 2. 水果的保健作用

许多水果中含有各种有机酸、芳香物质和色素,使水果具有特殊的香味和颜色,赋予了水果良好的感官品质。此外,水果中还含生物活性物质如类黄酮物质、蛋白酶等。菠萝和木瓜中蛋白酶含量较高,葡萄中还含有白藜芦醇,具有抗氧化、抗炎、抗衰老、抗肿瘤、降低血脂等功能。

# 任务 2　果蔬搭配原则及制作要点

 **任务描述**

果蔬汁因不同的搭配会产生不同的口感,同时制作方式也会影响果蔬汁的质量和营养。现需要你掌握果蔬搭配原则及制作要点。

果蔬汁搭配的核心原则包括风味协调、营养互补和功能性协调。这些原则确保果蔬汁不仅口感良好,而且营养丰富。

本任务主要是系统学习果蔬汁搭配原则,以及果蔬汁的制作要点,为制作营养可口的果蔬汁打下理论基础。

## 一、果蔬搭配原则

果蔬汁搭配的核心原则包括风味协调、营养互补和功能性协调。这些原则确保果蔬汁不仅口感良好,而且营养丰富,同时避免可能对人体产生的负面影响。

(1) 风味协调原则　要求果蔬汁的风味应接近自然风味,原来的不良风味应减弱、抑制或掩盖,而优良风味应得以改善或提高。例如,胡萝卜汁与山楂汁的复配可以提升整体口感。

(2) 营养互补原则　不同的果蔬原料所含的营养素种类和含量各异,合理的搭配及配比可以实现营养素的互补。例如,西兰花富含维生素 C 和钙质,而胡萝卜则富含 β-胡萝卜素,将它们合并榨汁可以提供多种维生素和矿物质。

(3) 功能性协调原则　强调避免不良搭配可能对人体造成的负面影响。选择果蔬汁原料时应考虑它们之间的"相生相克"关系,尤其是生产具有保健作用的复合果蔬汁时更需注意。

饮品制作

在实际操作中,还有一些具体的搭配建议。例如,绿色蔬菜如菠菜、小黄瓜和绿苹果的组合可以提供丰富的叶绿素和维生素C,适合早晨饮用以提供活力;高纤维的芹菜、苹果、香蕉和生姜的组合有助于肠道健康。这些搭配不仅营养丰富,还能改善口感,使饮用者更愿意坚持饮用果蔬汁。

## 二、果蔬汁制作要点

蔬果汁给大家的印象通常是健康但不太好喝。其实让蔬果汁变得健康又好喝并不难。第一步就是选择适当的调制工具;第二步是分类,分出主食材、副食材、媒介、配料、调味品,善用各类食材的气味及特性,就可以让蔬果汁变得健康又好喝!

(1) 合理搭配蔬菜和水果 若选择胡萝卜、西芹、苦瓜、甜菜根等气味较涩的蔬菜为主食材,那么副食材则建议选择苹果、柠檬、柑橘类、菠萝、荔枝等气味浓香或是甜度稍高的水果,这样可以有效综合蔬菜的生涩气味,让蔬果汁口感更柔和顺口。

(2) 妥善清洗蔬果更安心 蔬果尽量选择有机蔬菜及水果,妥善刷洗、清洁,以免农药、泥沙残留。清洗后务必沥干或擦干水分。

(3) 用密封盒或密封袋保存 蔬果沥干水分后再分切,如果不是立刻使用,可以放入保鲜盒、密封袋中,冷藏保存并且注明保鲜期限,但应尽快食用完毕。

(4) 选择时令蔬果更佳 时令蔬果除了价格亲民外,其品质、风味、甜度、外观、营养成分都让人惊艳。可以先了解食材属性是偏寒、偏热还是平性,以便更有效地发挥主食材的营养,再善用副食材做调味,就可以让蔬果汁更美味。

(5) 避免摄取太多糖分 《中国居民膳食指南》(2022版)推荐,每人每天添加糖摄入量不超过50 g,最好控制在25 g以下。注意饮用分量及糖分的摄取量,时令蔬果的甜度、香气、口感都令人赞赏,但若食用太多或者制作时添加糖量过多,容易造成糖分摄取过量的问题。

(6) 加入适量水分 蔬果本身所含的水分,会因为种类与所产季节不同而有多寡之分。水分太少的蔬果,会影响制作,使果汁机或是冰沙机运作不顺畅,制作时间延长,甚至发生无法切碎、无法搅打到位等问题。所以,在制作蔬果汁时,加入适量饮用水作为食材混合的媒介是必要的。除了饮用水之外,也可以选择全脂或低脂鲜奶、豆浆、乳酸饮料、无糖酸奶等作为媒介,除了提供水分之外,还可让营养和美味再升级。

(7) 加入适量坚果添口感 可以加入适量原味坚果作为配料,除了补充矿物质、蛋白质和维生素之外,也可以调和某些蔬果的口感,使蔬果汁更香浓,有咀嚼感。

(8) 使用自制糖浆调味 不仅喝起来更放心,也让口味有更多的变化。即使是自制糖浆,仍然需要视食材的甜度决定糖浆的使用量。

(9) 避免全部食材气味太强烈 避免将各种气味强烈的蔬果全部丢进果汁机中搅打,例如,苦瓜+西芹+青椒+胡萝卜+甜菜根+柠檬+菠萝,看起来非常营养,但口味特别强烈,包含苦、涩、酸、甜。

(10) 注意食材放入果汁机的顺序 先将质地较软的食材放入果汁机或是冰沙机,接着是液体(如糖浆、鲜奶)及质地较硬的食材(如坚果),最后放入冰块。这样有助于榨汁,也能让蔬果汁口感更佳。

总之,蔬果汁是补充营养素快速有效的方式,制作简便迅速。但不能只靠蔬果汁补充营养素,膳食纤维的摄入也很重要。果汁机或是冰沙机运转时会产生热能,可能影响食材的质地与口感,同时造成各种维生素的损失。所以在制作时,可以放些冰块,能有效防止机体温度上升。如果不喜欢加冰块,也可以先将食材冷藏,取出后立刻打汁,饮用时就不会那么冰凉了。

另外,蔬果汁新鲜为要,建议现做现喝。蔬果汁不要预先制作存放,以免影响产品口感和卖相,造成营养素流失。

# 模块五　果蔬与调饮

## 项目十四　果蔬饮料制作

**素养目标**

1. 了解果蔬汁对健康的益处，增强保持健康饮食意识。
2. 掌握制作过程中的规范操作，提高食品安全职业素养。
3. 尝试不同的果蔬搭配，开发果蔬汁新配方，激发创新能力。

**学习目标**

1. 掌握常见果蔬汁的配方。
2. 掌握常见果蔬汁的制作方式。

# 任务 1　西芹胡萝卜苹果汁

 任务描述

西芹胡萝卜苹果汁具有独特的口感和丰富的营养。现需要你掌握西芹胡萝卜苹果汁的配方及制作要点。

 任务分析

要想制成美味可口的西芹胡萝卜苹果汁饮品,既要掌握恰当的原辅料配比,也要掌握基本操作规范要点。

 任务实施

首先按照西芹胡萝卜苹果汁的配方准确称取原辅料,然后按照操作步骤独立完成饮品的制作。

1 杯(430 ml),如图 1-1 所示。

**配料**　西芹 50 g,绿柠檬 30 g,胡萝卜 50 g,苹果 120 g,凉白开 50 g,西番莲糖浆 30 ml,原味综合熟坚果 20 g,冰块 120 g。

**步骤 1**:将西芹去粗纤维后洗净,切小块;苹果、绿柠檬、胡萝卜仔细刷洗外皮;胡萝卜、绿柠檬切小块;苹果去籽后切小块。蔬果皮含丰富的植物化学物,有抗氧化、强化免疫系统等益处,若不介意咀嚼上有一点点渣感,建议将蔬果外皮仔细洗净后一起放入果汁机搅打。

**步骤 2**:依次将苹果、绿柠檬、西芹、胡萝卜、凉白开、西番莲糖浆、原味综合熟坚果、冰块放入果汁机中。

图 1-1

材料加入果汁机的顺序是:质地较软的食材先放,越硬的越后放。冰块太早放会化开而影响搅打效果。柠檬皮富含类黄酮、多酚,属于抗氧化物质,建议连皮一起放入果汁机搅打。

坚果富含镁、不饱和脂肪酸,能促进心血管健康,一起加入搅打,也能增加口感。

**步骤3**:高速搅打至无冰块撞击声,而且呈细致光滑状,再倒入杯中即可。

### 小贴士

1. 为了保留营养素及避免产生上下层分离,建议现打现喝。
2. 如果喜欢蔬果汁有咀嚼感,则果肉不要打得太细,或是在第二阶段加入。
3. 如果加入香蕉、杜果、冰激凌、酸奶等食材,则制作完成的蔬果汁会比较浓稠。

# 任务2　菠萝香蕉奶昔

### 任务描述

凤梨香蕉奶昔具有独特的口感，深受年轻消费者的喜爱。现需要你掌握凤梨香蕉奶昔的配方及制作要点。

### 任务分析

要想制成美味可口的凤梨香蕉奶昔，既要掌握恰当的原辅料配比，也要掌握基本操作规范要点。

### 任务实施

首先按照菠萝香蕉奶昔的配方准确称取原辅料，然后按照操作步骤独立完成饮品的制作。

1 杯(430 ml)，如图 2-1 所示。

**配料**　香蕉(去皮)100 g，菠萝 90 g，绿柠檬汁 10 ml，无糖酸奶 90 ml，原色冰糖浆 20 ml，原味综合熟坚果 20 g，冰块 100 g。

**步骤 1**：香蕉切小块，菠萝去皮后切小块。

**步骤 2**：依次将香蕉、菠萝、绿柠檬汁、无糖酸奶、原色冰糖浆、原味综合熟坚果、冰块放入果汁机中。

**步骤 3**：高速搅打至无冰块撞击声，而且呈浓稠细滑状，再倒入杯中即可。

图 2-1

> **小贴士**
>
> 1. 绿柠檬汁可以用黄柠檬汁代替。
> 2. 若不喜欢冰饮，可以将冰块用凉开水代替。

# 任务3　火龙果菠萝奶昔

 **任务描述**

火龙果凤梨奶昔具有独特的口感,深受年轻消费者的喜爱。现需要你掌握火龙果凤梨奶昔的配方及制作要点。

 **任务分析**

要想制成美味可口的火龙果凤梨奶昔,既要掌握恰当的原辅料配比,也要掌握基本操作规范要点。

 **任务实施**

首先按照火龙果菠萝奶昔的配方准确称取原辅料,然后按照操作步骤独立完成饮品的制作。1杯(430 ml),如图3-1所示。

**配料**　绿柠檬1/3个,红心火龙果200 g,菠萝60 g,无糖酸奶100 ml,原色冰糖浆10 ml,原味综合熟坚果20 g,冰块90 g。

**步骤1**:绿柠檬洗净后擦干水分,切小块;火龙果切小块;菠萝去皮后切小块。

**步骤2**:依次将菠萝、绿柠檬、无糖酸奶、原色冰糖浆、综合熟坚果、冰块放入果汁机中。

**步骤3**:高速搅打至无冰块撞击声,而且呈浓稠细滑状;再放入火龙果,高速搅打3~5 s,使火龙果果肉混合均匀即可。

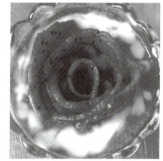

图3-1

**小贴士**

1. 必须注意火龙果搅打时间,以免火龙果籽被过度切碎,影响成品色泽。
2. 柠檬皮富含类黄酮及多酚,有抗氧化性,建议连皮一起放入果汁机搅打。

## 任务4　甜橙菠萝奶昔

 任务描述

甜橙凤梨奶昔具有独特的口感,深受年轻消费者的喜爱。现需要你掌握甜橙凤梨奶昔的配方及制作要点。

 任务分析

要想制成美味可口的甜橙凤梨奶昔,既要掌握恰当的原辅料配比,也要掌握基本操作规范要点。

 任务实施

首先按照甜橙凤梨奶昔的配方准确称取原辅料,然后按照操作步骤独立完成饮品的制作。

1 杯(430 ml),如图 4-1 所示。

**配料**　橙子 1 个,菠萝 90 g,绿柠檬汁 100 ml,无糖酸奶 120 ml,原色冰糖浆 10 ml,冰块 100 g。

**步骤1**:橙子去皮切小块,菠萝去皮后切小块。

**步骤2**:依次将橙子、菠萝、绿柠檬汁、无糖酸奶、原色冰糖浆、原味综合熟坚果、冰块放入果汁机中。

**步骤3**:高速搅打至无冰块撞击声,而且呈浓稠细滑状,再倒入杯中即可。

图 4-1

### 小贴士

1. 菠萝可以用苹果代替。
2. 建议 15 min 内饮用,风味更佳。

# 任务 5　金橘杧果奶昔

### 任务描述

金橘杧果奶昔具有独特的口感,深受年轻消费者的喜爱。现需要你掌握金橘杧果奶昔的配方及制作要点。

### 任务分析

要想制成美味可口的金橘杧果奶昔,既要掌握恰当的原辅料配比,也要掌握基本操作规范要点。

### 任务实施

首先按照金橘杧果奶昔的配方准确称取原辅料,然后按照操作步骤独立完成饮品的制作。

1 杯(430 ml),如图 5-1 所示。

**配料**　金橘 4 个,杧果 150 g,凉白开 60 ml,无糖酸奶 100 ml,原色冰糖浆 20 ml,冰块 100 g。

**步骤 1**:金橘洗净后擦干水分,对切后榨汁;杧果去皮及核,切小块。

**步骤 2**:依次将金橘汁、凉白开、无糖酸奶、原色冰糖浆、冰块放入果汁机中。

图 5-1

**步骤 3**:高速搅打至无冰块撞击声,而且呈浓稠细滑状,将杧果放入果汁机,高速搅打 2~3 s,倒入杯子混合均匀即可。

### 小贴士

杧果稍微搅打切碎即可,不用搅打太长时间,以保留杧果颗粒的口感。

# 任务6　猕猴桃菠萝奶昔

### 任务描述

猕猴桃菠萝奶昔具有独特的口感，深受年轻消费者的喜爱。现需要你掌握猕猴桃菠萝奶昔的配方及制作要点。

### 任务分析

要想制成美味可口的猕猴桃菠萝奶昔，既要掌握恰当的原辅料配比，也要掌握基本操作规范要点。

### 任务实施

首先按照猕猴桃菠萝奶昔的配方准确称取原辅料，然后按照操作步骤独立完成饮品的制作。

1 杯(430 ml)，如图 6-1 所示。

**配料**　菠萝 50 g，绿柠檬 1/3 个，猕猴桃 2 个，无糖酸奶 100 ml，原色冰糖浆 30 ml，冰块 100 g。

**步骤1**：菠萝去皮后切小块；绿柠檬洗净后擦干水分，切小块；猕猴桃洗净后擦干水分，切除两端，去皮及硬心，再将果肉切小块。

**步骤2**：依次将菠萝、绿柠檬、无糖酸奶、原色冰糖浆、冰块放入果汁机中。

**步骤3**：用高速搅打至无冰块撞击声，而且呈浓稠细滑状，将猕猴桃放入果汁机，高速搅打 3～5 s，倒入杯中混合均匀即可。

图 6-1

### 小贴士

1. 猕猴桃中间的硬心必须仔细清除干净，榨出的蔬果汁口感才好。
2. 猕猴桃搅打时间不宜过长，以免搅打过度而影响口感及色泽。

# 任务7　草莓香蕉奶昔

### 任务描述

草莓香蕉奶昔具有独特的口感,深受年轻消费者的喜爱。现需要你掌握草莓香蕉奶昔的配方及制作要点。

### 任务分析

要想制成美味可口的草莓香蕉奶昔,既要掌握恰当的原辅料配比,也要掌握基本操作规范要点。

### 任务实施

首先按照草莓香蕉奶昔的配方准确称取原辅料,然后按照操作步骤独立完成饮品的制作。

2杯(500 ml),如图7-1所示。

**配料**　香蕉(去皮)100 g,草莓60 g,全脂鲜奶150 ml,原色冰糖浆50 ml,原味综合熟坚果20 g,冰块60 g。

**步骤1**:香蕉切小块备用。

**步骤2**:依次将香蕉、草莓、全脂鲜奶、原色冰糖浆、综合熟坚果、冰块放入果汁机中。

**步骤3**:高速搅打至无冰块撞击声,而且呈细致光滑状,再倒入杯中即可。

图7-1

### 小贴士

1. 鲜奶可以换成无糖酸奶或是乳酸饮料。
2. 可以用其他莓果类,如蓝莓、黑醋栗等。

# 任务 8　柳橙木瓜奶昔

### 任务描述

柳橙木瓜奶昔具有独特的口感,深受年轻消费者的喜爱。现需要你掌握柳橙木瓜奶昔的配方及制作要点。

### 任务分析

要想制成美味可口的柳橙木瓜奶昔,既要掌握恰当的原辅料配比,也要掌握基本操作规范要点。

### 任务实施

首先按照柳橙木瓜奶昔的配方准确称取原辅料,然后按照操作步骤独立完成饮品的制作。

2 杯(500 ml),如图 8-1 所示。

**配料**　柳橙 1 个,木瓜 150 g,绿柠檬汁 10 ml,无糖酸奶 60 ml,原味综合熟坚果 20 g,原色冰糖浆 20 ml,冰块 100 g。

**步骤 1**:柳橙去皮及籽,切小块;木瓜去皮及籽,切小块。

**步骤 2**:依次将柳橙、木瓜、绿柠檬汁、无糖酸奶、原色冰糖浆、综合熟坚果、冰块放入果汁机。

**步骤 3**:高速搅打至无冰块撞击声,而且呈浓稠细滑状,再倒入杯中即可。

图 8-1

> **小贴士**
> 
> 1. 木瓜可以换为分量相同的香蕉。
> 2. 水果甜度若太高,可以不加原色冰糖浆。

# 任务9 紫薯奶昔

 任务描述

紫薯奶昔具有独特的口感,深受年轻消费者的喜爱。现需要你掌握紫薯奶昔的配方及制作要点。

 任务分析

要想制成美味可口的紫薯奶昔,既要掌握恰当的原辅料配比,也要掌握基本操作规范要点。

 任务实施

首先按照紫薯奶昔的配方准确称取原辅料,然后按照操作步骤独立完成饮品的制作。
2 杯(500 ml),如图 9-1 所示。

**配料** 紫薯 150 g,香草冰激凌 100 g,低脂鲜奶 250 ml,原味熟综合坚果 20 g,冰块 40 g。

**步骤 1**:紫薯连皮洗净,蒸熟,取出后放凉,去皮,切小块。

**步骤 2**:依次将紫薯块、香草冰激凌、低脂鲜奶、综合熟坚果、冰块放入果汁机中。

**步骤 3**:高速搅打至无冰块撞击声,而且呈浓稠细滑状,再倒入杯中即可。

图 9-1

> **小贴士**
>
> 1. 蒸紫薯时,用叉子刺入红薯最厚处,感觉松软易穿透,说明熟了。
> 2. 香草冰激凌可以用无糖酸奶代替,口感微酸,热量更低。

# 任务 10　木瓜奶昔

 **任务描述**

木瓜奶昔具有独特的口感,深受年轻消费者的喜爱。现需要你掌握木瓜奶昔的配方及制作要点。

 **任务分析**

要想制成美味可口的木瓜奶昔,既要掌握恰当的原辅料配比,也要掌握基本操作规范要点。

 **任务实施**

首先按照木瓜奶昔的配方准确称取原辅料,然后按照操作步骤独立完成饮品的制作。

2 杯(500 ml),如图 10-1 所示。

**配料**　木瓜 150 g,原味综合熟坚果 30 g,冰块 40 g,香草冰激凌 100 g,低脂鲜奶 120 ml。

**步骤 1**:木瓜去皮及籽,切小块备用。

**步骤 2**:依序将木瓜、香草冰激凌、低脂鲜奶、综合熟坚果、冰块放入果汁机中。

**步骤 3**:高速搅打至无冰块撞击声,而且呈浓稠细滑状,再倒入杯中即可。

图 10-1

**小贴士**

1. 鲜奶可以用无糖酸奶或无糖豆浆代替。
2. 木瓜果肉细滑,富含多种维生素,可有效补充人体的养分,还有助于肉类蛋白质分解,能减轻肠胃负担。

# 任务 11　柠檬苹果汁

### 任务描述

柠檬苹果汁具有独特的口感,深受年轻消费者的喜爱。现需要你掌握柠檬苹果汁的配方及制作要点。

### 任务分析

要想制成美味可口的柠檬苹果汁,既要掌握恰当的原辅料配比,也要掌握基本操作规范要点。

### 任务实施

首先按照柠檬苹果汁的配方准确称取原辅料,然后按照操作步骤独立完成饮品的制作。

1 杯(400 ml),如图 11-1 所示。

**配料**　苹果 130 g,原味综合熟坚果 20 g,冰块 100 g,绿柠檬汁 15 ml,凉白开 100 ml,柠檬糖浆 30 ml。

**步骤 1**:苹果洗净后擦干水分,切小块备用。

**步骤 2**:依次将苹果、绿柠檬汁、凉白开、柠檬糖浆、综合熟坚果、冰块放入果汁机中。

**步骤 3**:高速搅打至无冰块撞击声,而且呈细致光滑状,再倒入杯中即可。

图 11-1

### 小贴士

苹果皮富含营养素和植物化学物,有抗氧化、强化免疫系统等益处,建议带皮使用。

# 任务12　甜菜菠萝橙汁

 **任务描述**

甜菜菠萝橙汁具有独特的口感,深受年轻消费者的喜爱。现需要你掌握甜菜菠萝橙汁的配方及制作要点。

 **任务分析**

要想制成美味可口的甜菜菠萝橙汁,既要掌握恰当的原辅料配比,也要掌握基本操作规范要点。

 **任务实施**

首先按照甜菜菠萝橙汁的配方准确称取原辅料,然后按照操作步骤独立完成饮品的制作。2 杯(500 ml),如图 12-1 所示。

**配料**　柳橙(去皮)150 g,菠萝 80 g,甜菜根 50 g,西芹 50 g,绿柠檬汁 15 ml,凉白开 50 ml,原色冰糖浆 20 ml,原味综合熟坚果 20 g,冰块 120 g。

**步骤 1**:柳橙去籽后切小块;菠萝、甜菜根去皮后切小块;西芹去粗纤维后洗净,切小块。

**步骤 2**:依序将柳橙、菠萝、西芹、甜菜根、绿柠檬汁、凉白开、原色冰糖浆、综合熟坚果、冰块放入果汁机中。

**步骤 3**:高速搅打至无冰块撞击声,而且呈细致光滑状,再倒入杯中即可。

图 12-1

**小贴士**

1. 柳橙可以换成葡萄柚。
2. 柳橙含丰富的维生素 C,能提升免疫力,也可以淡化蔬菜的生涩口感,是制作饮品常选的食材。

# 模块五 果蔬与调饮

## 项目十五 果蔬冰沙制作

1. 学习传统冰品文化并创新。
2. 制作果蔬冰沙是一种劳动实践,体会劳动价值,提升劳动意识。
3. 合理利用果蔬资源,避免浪费,增强绿色可持续发展意识。

1. 掌握常见果蔬冰沙的配方。
2. 掌握常见果蔬冰沙的制作方式。

冰沙又称冻饮,是将新鲜水果冷冻后,再与鲜奶、酸奶等食材一起放入果汁机搅打成绵细雪泥状。食用冰沙不仅能够完整摄取水果营养,还能同时享受清凉感。

1. 制作冰沙的要领

只要熟记以下几个要领,就能精准制作出香滑细致的天然冰沙。

(1) 避免接触液体食材太久  不会因为水分太多,或在果汁机搅打过程中,让冰块溶解加速而导致成品过稀。

(2) 选择果胶含量丰富的水果  成品更滑顺细腻,这类水果有菠萝、杧果、香蕉、猕猴桃、木瓜、草莓、火龙果等。

(3) 注意食材添加顺序  先将质软的食材及液体类食材放入果汁机(或冰沙机),接着放入较硬的食材,最后加入冰块(尽量缩短冰块与液体接触的时间)。这样可以减缓冰块溶解速度。冰块量太多,容易产生搅打空转现象,若制作过程中发生此现象,应先关闭电源,取下搅拌杯,加入适量液体类食材,再继续搅打。固体冰块(包含冷冻水果丁、冰激凌等)至少占整体制作量 1/2。

2. 自制鲜果冰块和花草类糖浆

将水果去皮切块后冷冻,就可以代替冰块制作冰沙;花草类糖浆适合调味,能让冰沙风味更多变,如蝶豆花糖浆、玫瑰糖浆、薄荷糖浆、迷迭柠檬糖浆。

(1)固体　新鲜杧果 100 g,冷冻草莓丁 60 g,果茶冰块 80 g,冰块 100 g。

(2)使用完整结冻的冰块　茶类、咖啡冲泡后,倒入制冰盒,放入冰箱冷冻成冰块,非常适合制作冰沙,能让口感更佳。放入果汁机搅打之前再从冰箱取出冰块。

(3)液体　鲜奶 50 ml,无糖酸奶 100 ml,白糖 40 ml。

# 任务 1　猕猴桃杧果冰沙

 任务描述

猕猴桃杧果冰沙因其果味醇厚,口感清爽、甘甜,成为夏季降暑的佳品。不同种类的冰沙在原料和制作方法上有所不同。现需要你掌握猕猴桃杧果冰沙的配方及制作要点。

要想制成美味可口的猕猴桃杧果冰沙,既要掌握恰当的原辅料配比,也要掌握基本操作规范要点。

 任务实施

首先按照猕猴桃杧果冰沙的配方准确称取其原辅料,然后按照操作步骤独立完成饮品的制作。

1 杯(230 ml),如图 1-1 所示。

**配料**　猕猴桃 1 个,杧果 100 g,绿柠檬汁 10 ml,乳酸饮料 50 ml,黄糖浆 30 ml,冰块 180 g。

**步骤 1:** 猕猴桃洗净后擦干水分,切除两端,去皮及硬心,再将果肉切小块;杧果去皮及核后切小块。水果务必清洗干净,再去皮切小块,不宜整个放入果汁机搅打。

**步骤 2:** 依次将杧果、绿柠檬汁、乳酸饮料、黄糖浆、冰块放入果汁机中,用高速搅打至无冰块撞击声,而且呈绵细雪泥状。

**步骤 3:** 接着将猕猴桃果肉加入果汁机,高速继续搅打 4~5 s,待所有材料混合均匀即可关掉开关,将冰沙盛入杯中即可。

图 1-1

饮 品 制 作

### 小贴士

1. 猕猴桃内部硬心必须仔细清除干净,以免影响成品口感。
2. 绿杋果肉纤维较多,不建议用于冰沙制作。
3. 如果要保留果肉细小状态,丰富口感,则可以在第二阶段搅打时再加入。
4. 添加猕猴桃时,搅打时间不宜太久,可以保留其果粒口感,成品会更美观。

# 任务2　火龙果菠萝冰沙

 **任务描述**

火龙果菠萝冰沙因其果味醇厚，口感清爽、甘甜，成为夏季降暑的佳品。不同种类的冰沙在原料和制作方法上有所不同。现需要你掌握火龙果菠萝冰沙的配方及制作要点。

 **任务分析**

要想制成美味可口的火龙果菠萝冰沙，既要掌握恰当的原辅料配比，也要掌握基本操作规范要点。

 **任务实施**

首先按照火龙果菠萝冰沙的配方准确称取其原辅料，然后按照操作步骤独立完成饮品的制作。

1杯（250 ml），如图2-1所示

**配料**　菠萝120 g，红心火龙果150 g，绿柠檬汁20 ml，玫瑰糖浆40 ml，冰块180 g。

**步骤1**：火龙果、菠萝去皮后切小块备用。

**步骤2**：依次将菠萝、绿柠檬汁、玫瑰糖浆、冰块放入果汁机中，用高速搅打至无冰块撞击声，而且呈绵细雪泥状。

**步骤3**：接着将火龙果放入果汁机中，高速搅打4~5 s至火龙果均匀切碎且混合均匀即可。

图2-1

**小贴士**

1. 火龙果可以用白心火龙果、草莓、猕猴桃代替。
2. 放入火龙果后，必须注意搅打时间，以免过度切碎而影响成品外观。

# 任务3　茉莉柠檬冰沙

**任务描述**

茉莉柠檬冰沙因其果味醇厚,口感清爽、甘甜,成为夏季降暑的佳品。不同种类的冰沙在原料和制作方法上有所不同。现需要你掌握茉莉柠檬冰沙的配方及制作要点。

要想制成美味可口的茉莉柠檬冰沙,既要掌握恰当的原辅料配比,也要掌握基本操作规范要点。

**任务实施**

首先按照茉莉柠檬冰沙的配方准确称取其原辅料,然后按照操作步骤独立完成饮品的制作。

1 杯(350 ml),如图 3-1 所示。

**配料**　茉莉花茶 20 ml,绿柠檬汁 40 ml,乳酸饮料 50 ml,绿柠檬 1 g,白糖浆 10 ml,茉莉糖浆 30 ml,冰块 160 g。

**步骤 1**:茉莉花茶泡好后待冷却,倒入杯中备用。

**步骤 2**:依次将绿柠檬汁、乳酸饮料、绿柠檬皮、白糖浆、冰块放入果汁机中,高速搅打至无冰块撞击声,而且呈绵细雪泥状。

**步骤 3**:缓缓倒入杯中至五成满,加入茉莉糖浆,再将剩余的冰沙倒入杯中至满杯。饮用前可以先拌匀。

图 3-1

**小贴士**

若想操作上更快速,可以将材料一起加入果汁机中搅打。

# 任务4 菠萝杧橘冰沙

 **任务描述**

菠萝杧橘冰沙因其果味醇厚,口感清爽、甘甜,成为夏季降暑的佳品。不同种类的冰沙在原料和制作方法上有所不同。现需要你掌握菠萝杧橘冰沙的配方及制作要点。

 **任务分析**

要想制成美味可口的菠萝杧橘冰沙,既要掌握恰当的原辅料配比,也要掌握基本操作规范要点。

 **任务实施**

首先按照菠萝杧橘冰沙的配方准确称取其原辅料,然后按照操作步骤独立完成饮品的制作。

2杯(500 ml),如图4-1所示。

**配料** 杧果130 g,凉白开40 ml,菠萝100 g,黄糖浆60 ml,冰块180 g,金橘汁40 ml。

**步骤1:** 杧果去皮后取果肉,切块;菠萝去皮后切小块。

**步骤2:** 依次将杧果、菠萝、金橘汁、凉白开、黄糖浆、冰块放入果汁机中。

**步骤3:** 高速搅打至无冰块撞击声,而且呈绵细雪泥状即可。

图4-1

**小贴士**

绿杧果肉纤维较多,不建议用于冰沙制作。

# 任务5　橙香冰沙

**任务描述**

橙香冰沙因其果味醇厚、口感清爽、甘甜，成为夏季降暑的佳品。不同种类的冰沙在原料和制作方法上有所不同。现需要你掌握橙香冰沙的配方及制作要点。

**任务分析**

要想制成美味可口的橙香冰沙，既要掌握恰当的原辅料配比，也要掌握基本操作规范要点。

**任务实施**

首先按照橙香冰沙的配方准确称取其原辅料，然后按照操作步骤独立完成饮品的制作。

1杯（250 ml），如图5-1所示。

**配料**　柳橙（去皮）60 g，凉白开 50 ml，香蕉（去皮）100 g，柳橙皮 1 g，香橙糖浆 40 ml，冰块 200 g，无糖酸奶 90 ml。

**步骤1**：柳橙去籽后切小块；香蕉切小块。

**步骤2**：依次将柳橙、香蕉、香橙糖浆、无糖酸奶、凉白开、柳橙皮、冰块放入果汁机中。

**步骤3**：高速搅打至无冰块撞击声，而且呈绵细雪泥状即可。

图5-1

**小贴士**

尽量选择熟度高的香蕉，制作的冰沙香浓。

# 任务6 菠萝香蕉冰沙

 任务描述

菠萝香蕉冰沙因其果味醇厚,口感清爽、甘甜,成为夏季降暑的佳品。不同种类的冰沙在原料和制作方法上有所不同。现需要你掌握菠萝香蕉冰沙的配方及制作要点。

 任务分析

要想制成美味可口的菠萝香蕉冰沙,既要掌握恰当的原辅料配比,也要掌握基本操作规范要点。

 任务实施

首先按照菠萝香蕉冰沙的配方准确称取其原辅料,然后按照操作步骤独立完成饮品的制作。

1 杯(430 ml),如图 6-1 所示。

**配料** 菠萝 120 g,香蕉(去皮)50 g,玫瑰糖浆 30 ml,无糖酸奶 50 ml,冰块 180 g。

**步骤 1**:菠萝去皮后切小块;香蕉切块;玫瑰糖浆倒入杯中。

**步骤 2**:依次将菠萝、香蕉、无糖酸奶、冰块放入果汁机中,高速搅打至无冰块撞击声,而且呈绵细雪泥状。

**步骤 3**:再缓缓倒入杯中,饮用前拌匀即可。

图 6-1

**小贴士**

玫瑰糖浆可以换成蓝莓糖浆,变化出不同风味的冰沙。

# 任务 7  珍珠奶茶冰沙

### 任务描述

珍珠奶茶冰沙因其果味醇厚,口感清爽、甘甜,成为夏季降暑的佳品。不同种类的冰沙在原料和制作方法上有所不同。现需要你掌握珍珠奶茶冰沙的配方及制作要点。

### 任务分析

要想制成美味可口的珍珠奶茶冰沙,既要掌握恰当的原辅料配比,也要掌握基本操作规范要点。

### 任务实施

首先按照珍珠奶茶冰沙的配方准确称取其原辅料,然后按照操作步骤独立完成饮品的制作。

1 杯(360 ml),如图 7-1 所示。

**配料**  黑糖浆 40 ml,全脂鲜奶 60 ml,香草冰激凌 60 g,黄糖浆 20 ml,红茶冰块 150 g,白玉粉圆 20 g,竹炭粉圆 20 g。

**步骤 1**:黑糖浆倒入杯中。

**步骤 2**:依次将全脂鲜奶、香草冰激凌、黄糖浆、红茶冰块放入果汁机中,高速搅打至无冰块撞击声,而且呈绵细雪泥状。

**步骤 3**:接着将白玉粉圆、竹炭粉圆加入果汁机中,高速搅打 4~5 s 使粉圆呈碎粒状,再倒入杯中即可。

图 7-1

### 小贴士

1. 粉圆于冰沙搅打完成后,再加入果汁机中。稍微搅打,可以让粉圆变成碎粒状,与冰沙更为融合,口感更佳。
2. 粉圆口味可依个人喜好添加,若不加入粉圆搅打,也可以将粉圆直接放于冰沙表面,但必须注意,粉圆与冰沙接触时间不宜太长,以免粉圆硬化。

# 任务 8　菠萝果茶冰沙

### 任务描述

菠萝果茶冰沙因其果味醇厚,口感清爽、甘甜,成为夏季降暑的佳品。不同种类的冰沙在原料和制作方法上有所不同。现需要你掌握菠萝果茶冰沙的配方及制作要点。

### 任务分析

要想制成美味可口的菠萝果茶冰沙,既要掌握恰当的原辅料配比,也要掌握基本操作规范要点。

### 任务实施

首先按照菠萝果茶冰沙的配方准确称取其原辅料,然后按照操作步骤独立完成饮品的制作。

1 杯(450 ml),如图 8-1 所示。

**配料**　花果粒茶 100 ml,绿柠檬汁 15 ml,白糖浆 40 ml,冰块 200 g,菠萝(去皮)/90 g。

**步骤 1**:菠萝切块;花果粒茶泡好后待冷却,备用。

**步骤 2**:依次将花果粒茶、菠萝、绿柠檬汁、白糖浆、冰块放入果汁机中。

**步骤 3**:高速搅打至无冰块撞击声,而且呈绵细雪泥状即可。

图 8-1

### 小贴士

1. 冰块可以换成花果粒茶冰块,成品的色泽及风味会更佳,但冰沙的甜度必须适当控制。
2. 菠萝可换成其他果胶含量丰富的水果,如杧果、香蕉、柳橙、橘子等,能增加冰沙滑顺度。

# 任务9  薄荷柠檬冰沙

### 任务描述

薄荷柠檬冰沙因其果味醇厚,口感清爽、甘甜,成为夏季降暑的佳品。不同种类的冰沙在原料和制作方法上有所不同。现需要你掌握薄荷柠檬冰沙的配方及制作要点。

### 任务分析

要想制成美味可口的薄荷柠檬冰沙,既要掌握恰当的原辅料配比,也要掌握基本操作规范要点。

### 任务实施

首先按照薄荷柠檬冰沙的配方准确称取其原辅料,然后按照操作步骤独立完成饮品的制作。

1 杯(300 ml),如图 9-1 所示。

**配料**  薄荷叶 1 g,黄柠檬皮 1 g,黄柠檬汁 60 ml,薄荷糖浆 60 ml,黄柠檬糖浆 10 ml,冰块 150 g。

**步骤 1**:薄荷洗净后拭干水分,摘下叶片;黄柠檬皮切碎,备用。

**步骤 2**:依序将黄柠檬汁、薄荷叶、黄柠檬皮、薄荷糖浆、黄柠檬糖浆、冰块放入果汁机中,高速搅打成细密冰沙状(还有一点点小碎冰),即可倒入杯中。

图 9-1

### 小贴士

黄柠檬汁可以换为金橘汁或绿柠檬汁。

# 任务10  焦糖豆浆冰沙

## 任务描述

焦糖豆浆冰沙口味醇厚、甘甜,成为夏季降暑的佳品。不同种类的冰沙在原料和制作方法上有所不同。现需要你掌握焦糖豆浆冰沙的配方及制作要点。

## 任务分析

要想制成美味可口的焦糖豆浆冰沙,既要掌握恰当的原辅料配比,也要掌握基本操作规范要点。

## 任务实施

首先按照焦糖豆浆冰沙的配方准确称取其原辅料,然后按照操作步骤独立完成饮品的制作。

1 杯(200 ml),如图 10-1 所示。

**配料**  咸焦糖酱 30 ml,黄糖浆 20 ml,豆浆 100 ml,香草冰激凌 100 g,原味综合熟坚果 20 g,红茶 60 g,冰块 120 g。

**步骤1**:依次将咸焦糖酱、黄糖浆、豆浆、香草冰激凌、原味综合熟坚果、冰块放入果汁机中,高速搅打至无冰块撞击声,而且呈绵细雪泥状。

**步骤2**:将红茶冰块放入果汁机中,高速搅打 4~5 s,使红茶冰块呈碎冰状即可倒入杯中。

图 10-1

### 小贴士

1. 可以在第 2 步放入少许巧克力块,能增加口感。
2. 红茶冰块可换成其他口味的茶类冰块,但不宜用酸性的果粒茶冰块,或是其他酸性果汁、糖浆,因为酸性会使乳制品、豆浆结块。

## 模块五 果蔬与调饮

## 项目十六 创意果蔬调饮制作

1. 具备对创意果蔬调饮造型的审美能力,包括颜色的搭配、口味的调和等,使饮品不仅口感好,而且具有视觉吸引力。
2. 能够将调饮与艺术、设计元素相结合,创造出独特的调饮体验。
3. 敢于尝试新的果蔬调饮方法、配方和工具,能结合不同食材和饮品,开发出新颖的创新调饮,满足消费者的多样化需求。

1. 掌握创意调饮的方法和技巧。
2. 培养创新思维和创造力,能够独立设计和制作创意调饮。

现需要你收集创意调饮的案例和灵感,分析其创意来源和制作方法;能够对制作完成的创意调饮进行品鉴和打分,从而调整改进。

　　本次任务的学习重点是创意调饮的设计和制作;学习难点是创意灵感的获取和创意调饮的品鉴。

# 任务1 拒绝焦虑

即使生活千头万绪,也要好好地对待自己,干净饮食,轻盈生活,每天不忘喝一杯自制果蔬汁,拒绝焦虑。

**配料** 香蕉60 g,猕猴桃50 g,原味糖浆10 ml,纯牛奶300 ml,椰汁90 ml,冰块80 g。

**主要用具** 果汁机、玻璃杯。

**步骤1**:香蕉去皮,切段备用;猕猴桃切块待用,如图1-1所示。

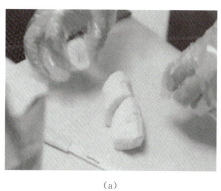
(a)

(b)

图1-1

**步骤2**:依序将香蕉、猕猴桃、纯牛奶、原色冰糖浆、椰汁、冰块放入果汁机中,如图1-2所示。

(a)

(b)

(c)

图1-2

饮 品 制 作

**步骤 3**：高速搅打至无冰块撞击声,而且呈浓稠细滑状,倒入杯中即可饮用,如图 1-3 所示。

图 1-3

# 任务2 田园壹号

天然营养,果蔬相伴,果蔬饮越喝越健康,绿色滋味,健康翻倍!

**配料** 小番茄 70 g,苹果 120 g,胡萝卜 70 g,芹菜 20 g,原味糖浆 5 ml。

**步骤1**:苹果去皮,切成块;小番茄切块;胡萝卜切块;芹菜切块,如图 2-1 所示。

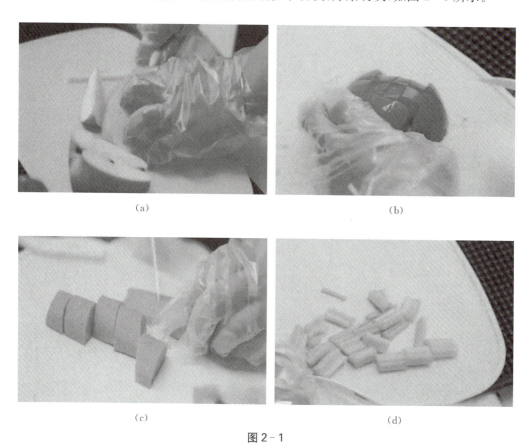

图 2-1

**步骤2**:将所有食材全部放入榨汁机中,加入清水 250 ml,榨匀即可,如图 2-2 所示。

饮品制作

(a) (b)

图 2-2

# 任务3 晴天泡泡

满杯清新绿是属于夏天的色彩,酸与甜的平衡中,茉莉香气呼之欲出,来上一杯,像是躺在大草地上的清新和放松感。

**配料** 青瓜 120 g,柠檬 10 g,梨 50 g,香水柠檬 1 片,清水 100 ml,茉莉冰球、茉莉干花适量。

**步骤 1**:青瓜去皮,切成条;梨切成块;将柠檬洗净,去皮切块备用,如图 3-1 所示。

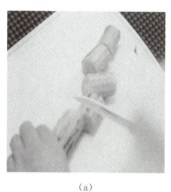
(a)

(b)       (c)

图 3-1

**步骤 2**:香水柠檬带皮切成小片,1 片放入成品杯,如图 3-2 所示。

(a)

(b)

图 3-2

饮品制作

步骤3:将所有食材全部放入榨汁机中榨匀即可,如图3-3所示。

图3-3

步骤4:茉莉花做装饰,如图3-4所示。

图3-4

# 任务 4 牛 油 引 力

入口绵密柔软且清新,治愈系的奶绿尤其清爽,都不能描述每一次品尝的幸福感。当舌尖触碰到你时,丝滑浓郁的奶油感把整个森林俘虏在舌尖,入喉香香滑滑流滚到胃里,享受味蕾绽放。

**配料** 香蕉50 g,牛油果100 g,纯牛奶200 ml,淡奶油15 ml,原味糖浆5 ml,原味熟综合坚果10 g。

**步骤1**:将香蕉去皮,切成段;牛油果切块备用,如图4-1所示。

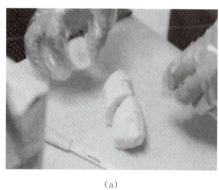
(a)
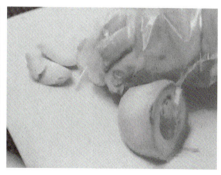
(b)

图 4-1

**步骤2**:加入牛奶、淡奶油、原味糖浆,如图4-2所示。

(a)

(b)

图 4-2

饮品制作

**步骤3**:将所有食材全部放入榨汁机中,榨匀即可,如图4-3所示。

图4-3

# 任务 5　莓好发生

生活中的小美好,需要一杯酸甜可口的饮品来烘托,"莓好发生"这一款高颜值的果蔬汁,让你快乐度过这一天。

**配料**　蓝莓 40 g,香蕉 50 g,火龙果 60 g,酸牛奶 100 ml,花生碎 5 g,清水 90 ml。

**步骤 1**:将香蕉去皮,切成段;火龙果切块,蓝莓洗净,如图 5-1 所示。

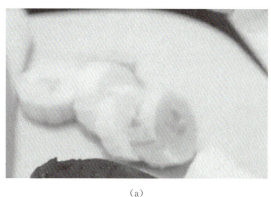
(a)

(b)

图 5-1

**步骤 2**:加入酸牛奶放入榨汁机中,如图 5-2 所示。

图 5-2

饮品制作

**步骤3**：撒上花生碎，如图5-3所示。

图5-3

## 任务6 热带季风

菠萝与百香果,冰冰凉凉的酸甜感,入口就能感受到置身于热带雨林,清凉愉悦。

**配料** 菠萝 60 g,百香果 40 g,杧果 50 g,柠檬 30 g,清水 150 ml,冰块 80 g,玫瑰冰球适量。

**步骤1**:将菠萝去皮,切成块备用;杧果去皮,切成块备用。将百香果切开滤去籽;柠檬去皮切片,再加入冰块,如图 6-1 所示。

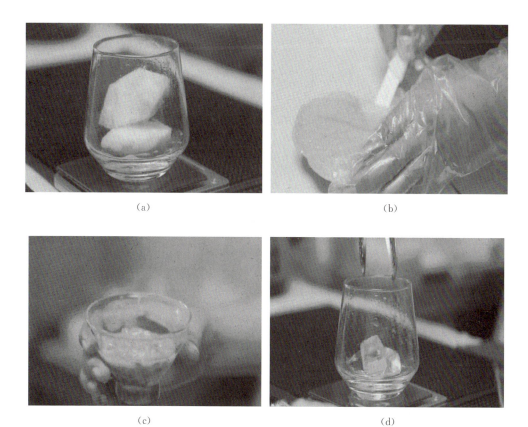

图 6-1

饮 品 制 作

**步骤 2:**将所有食材全部放入榨汁机中,加入清水 150 ml 榨匀即可,如图 6-2 所示。

(a)　　　　　　　　　　　　　　(b)

图 6-2

# 任务7 薯你最甜

丝滑的奶基底带来牛奶的香甜,后是红薯的糯香,香草冰激凌的加入为厚重醇香的奶带来一丝清爽,不仅增加了薯香,还增加了咀嚼感,丰富了口感。

**配料** 红薯150 g,香草冰激凌150 g,低脂鲜奶250 ml,果糖5 ml,原味熟综合坚果20 g,冰块40 g。

**步骤1**:红薯连皮洗净,蒸熟,取出后放凉,去皮,切小块,如图7-1所示。

图7-1

**步骤2**:依序将红薯块、香草冰激凌、低脂鲜奶、综合熟坚果、果糖、冰块放入果汁机中,如图7-2所示。

(a)

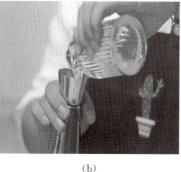
(b)

(c)

饮品制作

(d)

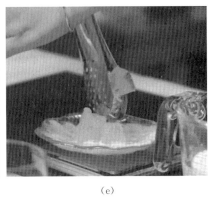
(e)

图 7-2

**步骤3**：高速搅打至无冰块撞击声,而且呈浓稠细滑状,再倒入杯中即可,如图7-3所示。

图 7-3

# 参 考 文 献

1. 石莹,李湘云,张颖.茶事服务[M].上海:复旦大学出版社,2021.
2. 白力丰.中华印象:中国民族茶艺(彩图版)[M].西安:世界图书出版西安有限公司,2015.
3. 张树坤.咖啡鉴赏与制作[M].北京:中国轻工业出版社,2015.
4. 徐春红.咖啡制作[M].杭州:浙江大学出版社,2018.
5. 李伟慰,周妙贤.咖啡制作与服务[M].广州:暨南大学出版社,2015.
6. 王勇.酒水知识与调酒(第三版)[M].武汉:华中科技大学出版社,2023.
7. 匡家庆,方堃.调酒与酒吧管理[M].武汉:华中科技大学出版社,2022.
8. 良卷文化.每天一杯蔬果汁[M].北京:电子工业出版社,2015.
9. 花祥育.不一样的饮品:茶饮调酒咖啡蔬果汁[M].北京:中国轻工业出版社,2018.

图书在版编目(CIP)数据

饮品制作/李晓霞等主编. -- 上海：复旦大学出版社,2025.2. -- ISBN 978-7-309-17693-3

Ⅰ. TS27

中国国家版本馆 CIP 数据核字第 2024YQ2748 号

**饮品制作**
李晓霞 等 主编
责任编辑/张志军

复旦大学出版社有限公司出版发行
上海市国权路 579 号　邮编：200433
网址：fupnet@fudanpress.com　http://www.fudanpress.com
门市零售：86-21-65102580　团体订购：86-21-65104505
出版部电话：86-21-65642845
常熟市华顺印刷有限公司

开本 787 毫米×1092 毫米　1/16　印张 20　字数 474 千字
2025 年 2 月第 1 版第 1 次印刷

ISBN 978-7-309-17693-3/T·767
定价：52.00 元

如有印装质量问题,请向复旦大学出版社有限公司出版部调换。
版权所有　侵权必究